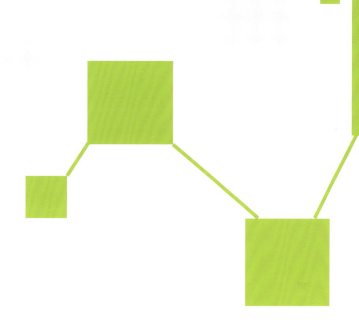

家装设计师必备

THE INTERIOR
DESIGNER DESK BOOK

装修材料

理想·宅 编

中国电力出版社
www.cepp.sgcc.com.cn

内容提要

本书对家居装修材料进行了全面系统的整合，通过清晰明了的条理、深入浅出的文字、丰富实用的内容、简洁精美的图片，让读者能迅速领略各种家居材料的特点、搭配方法和适用风格等不同方面的要点。即使是刚入行的设计师，看过本书后也能对家居材料的应用进行指导或独立设计，可谓是一本集专业性、便捷性、高效性于一体的家居材料使用、设计方面的指南大全。

图书在版编目 (CIP) 数据

装修材料 ／ 理想·宅编． —— 北京：中国电力出版社，2017.1 (2017.9重印)

（家装设计师必备）

ISBN 978-7-5198-0220-2

Ⅰ．①装… Ⅱ．①理… Ⅲ．①建筑材料－装饰材料－研究 Ⅳ．① TU56

中国版本图书馆 CIP 数据核字 (2016) 第 323435 号

中国电力出版社出版发行

北京市东城区北京站西街19号　　100005　　http://www.cepp.sgcc.com.cn

责任编辑：曹　巍　　责任印制：郭华清　　责任校对：郝军燕

北京盛通印刷股份有限公司印刷·各地新华书店经售

2017年1月第1版·2017年9月第2次印刷

700mm×1000mm 1/16·13印张·261千字

定价：68.00 元

提到装修材料，多数人都会感觉迷茫，因为其种类实在太多，体系又非常繁杂，还不断地有新型材料问世。然而家装又离不开材料，甚至说合理的材料搭配，是家装整体设计能够成功的关键要素之一。了解家居设计的常用材料的类型及其特点，不仅是家装设计师需要具备的专业素养之一，也是广大喜欢自主设计的业主想要自行 DIY 的基础。

本书由"理想·宅 Ideal Home"倾力打造，对家居常用材料做了系统化的整理，从材料的具体用途出发，囊括了板材、石材、漆、门窗、建筑材料、水电、新型材料等多个方面，并对每一种材料的特点进行了全面而细致的剖析。同时，利用设计关键点、搭配要点等实用常识，为读者提供快速而有针对性的家居材料运用的绝佳技巧。另外，书中还精选了大量符合风格特征的精美图片作为辅助性说明，以更加直观的方式，帮助读者了解不同材料的魅力。内容虽不是绝对全面，但具有非常强的实用性，有助于读者了解家装材料世界，轻松构建理想的家居环境。

参与本书编写的有杨柳、赵利平、武宏达、黄肖、董菲、杨茜、赵凡、刘向宇、王广洋、邓丽娜、安平、马禾午、谢永亮、邓毅丰、张娟、周岩、朱超、王庶、赵芳节、王效孟、王伟、王力宇、赵莉娟、孙淼、杨志永、叶欣、张建、张亮、赵强、郑君、叶萍等人。

目录  CONTENTS

前言

 Part 1 **装饰砖、石**

Part **8** **橱柜材料**

P_{art}9 装饰门、窗

P_{art}10 水电材料

P_{art} 11　新型材料

P_{art} 12　其他材料

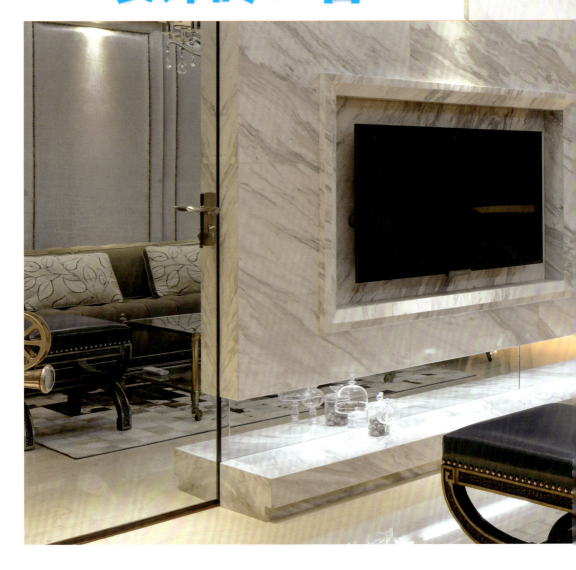

Part**1**

装饰砖、石

砖石类的建材或朴素、或华丽，具有百变的图案，非常百搭，是家居装修中不可缺少的一种建材。掌握其特点和搭配方式、适合的家居风格等信息，才能够更好地运用它们来装饰家居空间。

◆ 纹路、色泽天然而丰富，具有很高的耐磨性

大理石

　　天然大理石的纹路和色泽浑然天成、层次丰富，非常适合用来营造华丽风格的家居。大理石的莫氏硬度虽然只有3，但不易受到磨损，在家居空间中适合用在墙面、地面、台面等处做装饰。若应用面积大，还可采用拼花，使其更显大气。

设计师 **推荐** **黑金砂**

材料特点 | 结构致密、质地坚硬、耐酸碱

搭配建议 | 过门石、各种台面、墙面及地面

　　黑金砂主体为黑色，内部含有"金点儿"，当阳光照射时，庄重而剔透的黑亮中闪烁着黄金的璀璨，具有尊贵而华丽的装饰效果，属于高档石材，有大中小砂之分。

银狐

　　底色为白色，带有银灰色的不规则纹路，颜色淡雅、清新，花纹十分有特点。装饰效果看似简单，却具有低调、内敛的华贵气质。

材料特点 | 不同板块的颜色、花纹差异性较大

搭配建议 | 背景墙，不适合用在地面和卫生间

大花白

　　主体为白色，带有深灰色的线形纹路。它的纹路自然流畅，十分百搭，适合多种家居装饰风格，属于高档石材。

材料特点 硬度、强度高于一般的大理石

搭配建议 地面、墙面、背景墙

爵士白

　　主体为白色，纹理为灰白色，形状以曲线为主，清晰均匀密集且独特，具有艺术感，能够表现出典雅、高贵的爵士特质。

材料特点 具有良好的可塑性但材质疏松易污染

搭配建议 背景墙、各种台面板、墙面、地面

雅士白

　　色泽白润如玉，纹路很少，美观而又高雅，在所有石材中颜色属于最白的高档大理石，做装饰能体现出高贵、儒雅的风格。

材料特点 颗粒细致，质地偏软，价格高

搭配建议 背景墙、各种台面板、墙面、地面

金线米黄

底色为米黄色，与金碧辉煌属于孪生产品，花纹为线形纹路。装饰效果出众，注意施工的时候宜使用白水泥。

 材料特点 耐久性差、性价比高

 搭配建议 墙面、台面、门套，用在地面须慎重

西班牙米黄

底色为米黄色，不含有辐射性物质且色泽艳丽、色彩丰富，花纹有米粒形、白花形等，均有各种色线或红线。

 材料特点 耐磨性能良好，不易老化，使用寿命长

 搭配建议 背景墙、各种台面板、墙面、地面

金碧辉煌

属于黄色系大理石中性价比较好的一种。其底色为黄色、淡黄色及淡黄偏白色，花纹有白色米粒或米牙，板面有淡白色的圆斑。

 材料特点 不同板块的颜色、花纹差异性较大

 搭配建议 背景墙、各种台面板、墙面、地面

莎安娜米黄

底色为米黄色，有白花，表面条纹分布一般较不规则，光度好，色泽艳丽、丰富。施工时应注意，它难以胶补，最怕出现裂纹。

材料特点 颗粒细腻、耐磨性佳，硬度低

搭配建议 背景墙、各种台面板、墙面、地面

蒂诺米黄

底色为浅黄色或浅褐黄色，带有明显层理纹，纹理没有规律性。色彩柔和、温润，表面层次强烈，风格淡雅，价格较高。

材料特点 孔隙较大，易吸水，吸水后易变色

搭配建议 墙面、地面、门窗套，卫生间不适用

TIPS

大理石不宜大面积用于卫浴间地面

大理石的刚性好，硬度高，耐磨性强，热变形小；使用寿命长。不必涂油，不易粘微尘，维护、保养方便简单，但大理石的表面都比较光滑，因此用在卫浴间时，不建议大面积地用在地面上，容易让人摔倒，可用作台面、墙面等的装饰。且建议用深色的石材，因为浅色的石材时间长了以后容易变色。需要注意的是，有些大理石的吸水率比较高，因此不是所有品种的大理石都适合用在卫浴间中。

洞石

一种多孔的岩石，可分为白洞石和米黄洞石，表面能够看到很多孔洞，质感丰富，条纹清晰，具有温和的装饰效果。

材料特点 吸水率高、强度低，容易断裂

搭配建议 背景墙，不适合用在卫生间

卡门灰

纹路虽无规则但不夸张，白色渗入灰底中，两种颜色过渡自然，给人和谐、舒适的感觉，颜色低调却不乏大气。

材料特点 结构致密，质地细腻

搭配建议 非常适合用在室内地面与墙面

波斯灰

色调柔和雅致，华贵大方，极具古典美与皇室风范，抛光后晶莹剔透，石肌纹理流畅自然，色彩丰富，色泽清润细腻。

材料特点 耐磨性能良好，不易老化，寿命长

搭配建议 背景墙、门窗套、地面、楼梯踏步

木纹玉

　　进口大理石，底色是黄色，花草样式是直纹，纹路颜色是金黄色。质感细腻，纹路优雅，装饰效果独特。

 材料特点　颗粒细腻、耐磨性佳，硬度低

 搭配建议　墙面、背景墙、各种台面板、地面

木纹石

　　纹路与木材类似，其硬度、光泽度、耐用性是任何木材都无法比拟的，同时有着木质材料的优雅感。

 材料特点　吸水率低，厚度薄、质量轻

 搭配建议　墙面，不适合用在卫生间和地面上

橙皮红

　　底色为橘红色，深颜色，有白花。颜色鲜艳而具有个性，使人印象深刻，花纹差异大，颜色越红的质量越好。

 材料特点　遍布裂隙线，光泽度好，易胶补

 搭配建议　各种台面、背景墙、家具面板

紫罗红

底色为深红或紫红，还有少量为玫瑰红，花纹十分明显，纹路呈粗网状，有大小数量不等的黑胆。装饰效果色调高雅、气派。

 材料特点 耐磨性能良好，不易老化，寿命长

 搭配建议 背景墙、门窗套、地面、楼梯踏步

啡网纹

底色包括深色、浅色、金色等，纹理浅褐、深褐与丝丝浅白错综交替，呈现鲜明的网状效果，可用来诠释庄重沉稳的风格。

 材料特点 安装时反面需要用网，长板易有裂纹

 搭配建议 门套、墙面、地面、台面板、过门石

银白龙

底色为黑色或灰色，黑色是黑底白纹，灰色是暗灰底白纹。纹路如龙形，形态优美，色彩对比分明，花纹具有层次感和艺术感。

 材料特点 不同板块的颜色、花纹差异性较大

 搭配建议 背景墙、各种台面板、墙面、地面

黑金花

底色为深啡色，带有金色花朵，质感柔和美观庄重，是大理石中的王者，能够为居室带来尊贵、典雅的装饰效果。

材料特点 具有很高的抗压强度和良好的易加工性

搭配建议 门套、墙面、地面、台面板、壁炉

黑白根

黑色致密结构大理石，带有白色筋络型花纹。花纹对比分明、具有动感。如果大面积使用，建议挑选花纹，否则容易显得混乱。

材料特点 光度、耐久度、耐磨性、硬度均较佳

搭配建议 背景墙、各种台面板、墙面、地面

TIPS

大理石质量的选择

选花纹色调：大理石板材色彩斑斓，色调多样，花纹无一相同，是大理石的魅力所在。色调基本一致、色差较小、花纹美观是优良品种的具体表现，否则会严重影响装饰效果。

检测表面光泽度：大理石板材表面光泽度的高低会极大影响装饰效果。一般来说，优质大理石板材的抛光面应具有镜面一样的光泽，能清晰地映出景物。但不同品质的大理石由于化学成分不同，即使是同等级的产品，其光泽度的差异也会很大。

◆ 具有自然感和沧桑感，适合表现田园、乡村韵味

文化石

　　文化石是一种以水泥掺砂石等材料，灌入模具而形成的人造石材。文化石吸引人的特点是其色泽纹路能保持自然原始的风貌，加上色泽调配变化，能将石材质感的内涵与艺术性展现无遗。其符合回归自然的文化理念，因此被称为"文化石"。

设计师 **推荐** **仿岩石**

材料特点 可选择性多，极具立体效果

搭配建议 适合做各种背景墙或壁炉

　　种类很多，包括城堡石、层岩石、鹅卵石、乱片石、莱姆石和木纹石等，具有天然石的装饰效果，但质地更轻、经久耐用、绿色环保，具有浓郁的自然韵味。

仿砖石

　　仿砖石仿照砖石的质感及样式制作，颜色有红色、土黄色、暗红色等，排列规律、有秩序，具有砖墙效果。

材料特点 易清洁，施工简单，费用省

搭配建议 适合做各种背景墙或壁炉

◆ 耐磨、耐水性佳，使用寿命长

花岗岩

花岗岩是一种岩浆在地表以下凝结形成的火成岩，主要成分是长石和石英。其硬度高于大理石，耐磨损，具有良好的抗水、抗酸碱和抗压性。不易风化，颜色美观，吸水率低，外观色泽可保持百年以上。

设计师 推荐 **印度红**

材料特点 结构致密、质地坚硬、耐酸碱

搭配建议 地面、台阶、基座、踏步、柱面、墙面

产自印度的一种花岗岩，色彩以红色居多，夹杂着花朵图案。主要为红底结构，无纹路，根据颜色、晶体的不同，可分为深红、淡红、大花、中花、小花等。

英国棕

主要为褐底红色胆状结构，花纹均匀，色泽稳定，光度较好。根据颜色不同又分为深红、淡红、大花、小花等。

材料特点 硬度高而不易加工，且断裂后胶补效果不好

搭配建议 台面、门窗套、墙面等

绿星

　　绿星花岗岩属于进口品种，是墨绿色的花岗岩，内部带有银晶片，花纹独特，适合局部作为拼花使用。

 材料特点　耐磨性能良好，不易老化，寿命长

 搭配建议　地面、墙面、壁炉、台面板、背景墙等

蓝珍珠

　　蓝珍珠属于深灰色花岗岩，带有蓝色片状晶亮光彩，产量少，价格高。具有独特的装饰效果，适合局部使用。

 材料特点　耐磨，装饰效果极具个性

 搭配建议　地面、墙面、壁炉、台面板、背景墙等

黄金麻

　　黄金麻花岗岩的品质优秀，表面光洁度高，无放射性，属于黄灰色花岗岩的一种，黄色底色上散布着灰麻点。

 材料特点　结构致密，质地坚硬，耐酸碱、耐气候性好

 搭配建议　建筑的内、外墙壁，地面、台面等

山西黑

山西黑花岗岩又称帝王黑、太白青等，是一种黑色花岗岩且是世界上最黑的花岗石品种，光泽度高，纯黑发亮、质感温润雍容。

材料特点 硬度强，光泽度高，结构均匀

搭配建议 各种台面板、地面、壁炉等

芝麻灰

芝麻灰花岗岩是世界上最著名的花岗岩石种之一，储量丰富，是一种非常受设计师和消费者青睐的花岗岩。

材料特点 属于全晶质，颗粒结构，块状构造

搭配建议 地面、墙面、壁炉、台面板、背景墙等

金钻麻

金钻麻花岗岩非常容易加工，材质较软。花色有大花和小花之分，底色有黑底、红底、黄底。

材料特点 不同板块的颜色、花纹差异性较大

搭配建议 地面、墙面、壁炉、台面板、背景墙等

◆ 绿色环保、性能优良，保养方便、不留脏污

人造石

　　人造石通常是指人造石实体面材、人造石英石、人造花岗石等。相比传统建材，人造石不但功能多样，颜色丰富，应用范围也更广泛。其特点为无毒、无放射性，阻燃、不渗污、抗菌防霉、耐磨、耐冲击、易保养，无缝拼接、造型百变。

设计师 **推荐** **中等颗粒**

材料特点 价格适中，应用比较广泛

搭配建议 可用作墙面、窗台及家具台面或地面装饰

　　人造石的原料为天然石粉和树脂，经高压压制而成，表面光滑平整，硬度和石材相当，但表面没有石材的小细孔。中等颗粒的人造石比较常见，其颗粒大小适中。

超细颗粒

　　超细颗粒的人造石，表面没有明显的纹路，其中蕴含的颗粒非常细小，但装饰效果却非常美观。

材料特点 具有简洁的装饰效果，但又含有小的层次感

搭配建议 窗台、家具台面、地面

细颗粒

较细颗粒类型的人造石，颗粒比极细粗一些，有的带有仿石材的精美花纹，价格高。

 材料特点 带有花纹的款式可以用在墙面做装饰

 搭配建议 墙面、地面、台面装饰

天然颗粒

含有石子、贝壳等天然的物质，具有独特的装饰效果，价格比其他品种要高。

 材料特点 产量非常小，装饰效果最佳

 搭配建议 墙面、窗台、家具台面

无颗粒

没有任何颗粒和任何花纹的纯色人造石，颜色多以米色及米黄色居多，给人以干净、简约的感觉。

 材料特点 比较百搭，任何风格均适合

 搭配建议 墙面、窗台、家具台面

◆ 具有沉静的装饰效果，防滑，不需要特别养护

板岩

　　板岩是具有板状结构，基本没有重结晶的岩石，是一种变质岩，原岩为泥质、粉质或中性凝灰岩，沿板理方向可以剥成薄片。板岩的颜色随其所含有的杂质不同而变化。可用作墙面或地板材料，与大理石和花岗岩相比较，不需要特别的护理。

设计师 **推荐** **石英石板岩**

材料特点 颜色和种类比天然板岩可选择性多

搭配建议 墙面或地面，特别适合用在卫浴间

　　天然板岩由于结构特点，薄厚不能完全一致，不能像瓷砖一样铺设得特别平实，而石英石板岩的出现改善了这一情况，它是人工产品，但表面具有类似板岩的粗犷效果，可以用来替代板岩使用。

天然板岩

　　表面粗糙、坚硬，其凹凸不平的特性使其具有超高的防滑性。特别适合用在地面上，持久耐用、造型美观。

材料特点 黑色或灰黑色，岩性致密成板状

搭配建议 地面或墙面，适合卫浴间，但不适合用在厨房

◆ 花色、种类繁多，既适合墙面又适合地面

瓷砖

　　瓷砖可以说是使用率最高的一种室内装修建材，其花色、种类繁多，既能用在墙面也能用在地面上，不论何种装饰风格都能找到与其匹配的款式，非常百搭。在使用瓷砖时，需要注意不同种类瓷砖的特点，用在合适的部位。

设计师 **推荐** **仿古砖**

材料特点 耐磨、防滑，低污染

搭配建议 墙面、地面，也适合卫生间和厨房

　　实际是上釉的瓷质砖，通过样式、颜色、图案，营造出怀旧的氛围。仿古砖品种、花色较多，规格齐全，而且还有适合厨卫等区域使用的小规格的砖，可以说是抛光砖和瓷片的合体。

仿石材瓷砖

　　没有天然石材的放射性污染，同时也避免了天然石材的色差，保持了天然石材的纹理，瓷砖之间的拼接更自然。

材料特点 细孔小、吸水率低，容易清洁和保养

搭配建议 墙面、地面，也适合卫生间和厨房

釉面砖

　　釉面砖是装修中最常见的砖种，色彩图案丰富，而且防污能力强。根据光泽的不同，又可以分为光面和哑光两类。

 材料特点 釉面细致、韧性好、耐脏，耐磨性稍差

 搭配建议 尤其适合卫生间和厨房中使用

全抛釉面砖

　　釉面光亮柔和、平滑不凸出，效果晶莹透亮，釉下石纹纹理清晰自然，与上层透明釉料融合后，使得整体层次更加立体分明。

 材料特点 纹理看得见，但摸不到

 搭配建议 背景墙、各种台面板、墙面、地面

玻化砖

　　玻化砖是瓷质抛光砖的俗称，属通体砖的一种，色彩非常柔和。玻化程度越好，理化性能越好，用途广，被称为"地砖之王"。

 材料特点 吸水率低，质地坚硬，耐磨，性能稳定

 搭配建议 地面，不太适合用在卫生间和厨房

微晶石

玻璃与陶瓷的结合体，本质是一种陶瓷玻璃，性能优于天然及人造石材，不需要特别的养护，装饰效果华丽、独特。

 热膨胀系数很小，硬度高、耐磨

 墙面、地面，不适合卫生间、厨房

皮纹砖

克服了瓷砖坚硬、冰冷的触感，从视觉和触觉上可以体验到皮的质感。有着皮革质感与肌理和皮料缝线、收口、磨边的特征。

 技术新颖，价格较高

 墙面、地面，不适合卫生间、厨房

木纹砖

一种表面呈现木纹装饰图案的新型环保建材。纹理细腻逼真，自然朴实，无法同原木区分开来，但更防潮。

 仿木纹纹理，易清洁，超强耐磨

 可用在地面来替代木地板，也可用在墙面

特殊尺寸瓷砖

近年来的新兴产品，它在造型和尺寸上突破了传统模式，开发出不同以往的模具尺寸，款式和尺寸非常独特。

 材料特点 表面有立体感，价格通常比较贵

 搭配建议 适合卫生间，也可少量使用做背景墙

抛光砖

一种天然仿石材产品，表面光滑质感佳、耐重压，非常耐用。尺寸越大的厚度越厚，价格也越高。

 材料特点 越重越耐磨，吃色，容易受饮料、咖啡污染

 搭配建议 地面、墙面，特别适合厨房、卫生间

金刚砂瓷砖

将陶砖加入天然矽砂烧制而成，表面的矽砂层使得其吸水性、防滑效果极佳，十分适宜有长者或幼童的家庭，花色较少。

 材料特点 防滑效果出众，清洁方便、简单

 搭配建议 阳台、卫生间、厨房地面

◆ 色泽抢眼、个性，具有现代感和时尚感

金属砖

　　常见的金属砖有两种，一种是仿金属色泽的瓷砖，另一种是不锈钢裁切而成的砖。仿金属砖是在坯体表面施加金釉后再经过1200℃的高温烧制而成的，釉一次烧成，具有强度高、耐磨性好，颜色稳定、亮丽，视觉冲击强等特点。

设计师 **推荐** **花纹金属砖**

材料特点 稳定、耐酸碱性、易于清洁

搭配建议 墙面、地面，电视墙也可用

　　花纹金属砖砖体表面有各种立体感的纹理，具有很强的装饰效果，常见香槟金、银色与白金三色。光泽耐久、质地坚韧、网纹淳朴、赋予墙面装饰静态美，特别适合表现现代风格的居室。

立体金属砖

　　原料是铝塑板、不锈钢等含有大量金属的材料，具有金属的效果，分为拉丝及亮面两种效果，款式多样，适合华丽风格居室。

材料特点 质轻、防火、环保，材料决定价格

搭配建议 墙面、地面，不建议大面积使用

◆ 品种非常有个性，具有非常突出的装饰效果

马赛克

马赛克又称锦砖或纸皮砖，主要用于铺地或内墙装饰，也可用于外墙饰面。款式多样，常见的有陶瓷马赛克、金属马赛克、贝壳马赛克、玻璃马赛克以及夜光马赛克等，装饰效果突出。

设计师 推荐 陶瓷马赛克

材料特点 规格、品种非常多，百搭

搭配建议 室内各空间的墙面、地面

陶瓷马赛克色彩丰富、单块元素小巧玲珑，可拼成风格迥异的图案，以达到不俗的视觉效果。有些陶瓷马赛克表面打磨成不规则边，造成岁月侵蚀的模样，以塑造历史感和自然感。

金属马赛克

主材为各种金属，属于金属砖的一种，特别适合现代风格和欧式风格的居室，具有华丽、时尚的装饰效果。

材料特点 款式多、质轻、防火、环保

搭配建议 室内各空间的墙面、地面局部使用

贝壳马赛克

　　材料为深海自然贝壳或者人工养殖的贝壳，贝壳的表面有天然的纹路，拼接后表面需要用机器磨平处理，才能更加光滑。

 材料特点　硬度不高、容易损坏，防水性好

 搭配建议　墙面，不适合用在地面上

玻璃马赛克

　　它是马赛克家族中最具现代感的一种，时尚感很强，质感亮丽精细，纯度高，给人以轻松愉悦之感，色彩表现很有冲击力。

 材料特点　化学性能、冷热性能稳定，不变色、不积尘

 搭配建议　室内墙面局部、阳台外侧装饰

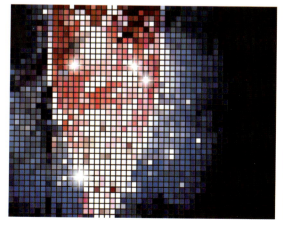

夜光马赛克

　　是采用蓄光型材料制成的特殊马赛克，成本比较高。它白天与普通马赛克一样，夜晚时却能散发光芒，非常浪漫。

 材料特点　白天蓄能，夜晚能发光，图案可定制

 搭配建议　适合墙面装饰，特别是卧室、客厅

◆ 均为环保建材，具有独特的装饰效果

其他砖石

　　除了能归纳到大类别的砖、石材料外，还有一些独特类别的砖石材料，如砂岩和抿石子，都属于非常环保的建材，具有比较独特的装饰效果。根据它们的不同特点有针对性地使用，能够让家居效果更个性、独特。

设计师推荐 砂岩

 材料特点 无辐射，不风化，不变色

 搭配建议 室内外均可使用，还可用于雕刻

　　砂岩由石英颗粒（沙子）形成，结构稳定，通常呈淡褐色或红色，主要含硅、钙、黏土和氧化铁。色彩、花纹最受设计师所欢迎的则是澳洲砂岩，具有高贵、典雅的气质，性能稳定。

抿石子

　　是将水泥与小石子混合均匀，然后用镘刀涂抹于工作面的一种施工方法，不只是平面，转角、曲线也可以使用。

 材料特点 施工无接缝，限制少，环保性能佳

 搭配建议 卫生间地面、墙面、洗手台、浴盆台等

◆ 虽然体积小、不起眼，但是砖石施工中却不可缺少

砖石辅料

砖石材料较硬，边角和缝隙是施工的重点部分，关系到整体的美观性，这部分就需要辅助材料的配合。包括有填缝剂和收边条，选择这部分材料需要结合砖石的颜色和质感，恰当的配合才能够让整体效果更美观，让砖石使用的更长久。

设计师 **推荐** **填缝剂**

 材料特点 黏合性强、收缩小、固着力强

 搭配建议 瓷砖与瓷砖或石材与石材之间的缝隙处

填缝剂凝固后会在瓷砖缝上会形成光滑如瓷的洁净面，耐磨、防水、防油、不沾脏污、有优异的自洁性，不易藏污纳垢，易清洁、一擦就净，从而彻底解决普遍存在的瓷砖缝脏黑又难以清洁的难题。

收边条

是地面材料不可缺少的辅材，不仅能用于相同材料的地面，也可用于不同材料地面的过渡，如地板与瓷砖的过渡。

 材料特点 能够防止地面材料因为热胀冷缩而变形、起鼓

 搭配建议 地板、瓷砖的收边、过渡

解析

文化石墙面塑造质朴感

　　电视墙造型简洁、大方，仅使用米黄色系的仿岩石文化石做装饰，搭配同色系仿古地砖和大地色系的皮质沙发、木质茶几和电视柜，塑造出质朴而又浑厚的美式韵味居室。

1 仿岩石文化石

2 防滑砖

3 米黄色仿古砖

"砖墙"与仿古地砖塑造淳朴美式

1 仿砖石文化石

2 仿古地砖

墙面下部分采用了仿砖石文化石,塑造出砖墙的效果,搭配地面米黄色系的仿古地砖以及布艺沙发和厚重的木质茶几,塑造出了具有淳朴感和历史感的美式风情居室。

光亮晶莹的石材塑造低调的华丽感

1 抛光大理石

2 黑镜

大理石经过抛光处理形成了犹如玻璃的反光质感,再搭配以黑镜,电视墙光亮晶莹,与木质地板和茶几形成了质感的对比,丰富了层次感,同时也为客厅空间增添了低调的华丽感。

素雅砖类与木质的协调组合

　　厨房的砖都选择了比较素雅的色调和仿古的质感，包括墙面的米灰色仿古墙砖和地面上不同颜色的石英石板岩，与棕色系的实木橱柜搭配协调、舒适。为了调和层次感，避免过于厚重，台面选择了白色的中等颗粒人造石，使视觉效果更舒适。

1 仿古墙砖

2 石英石板岩

3 中等颗粒人造石台面

4 石英石板岩拼花

用灰色和白色瓷砖塑造出整洁感

1 灰色仿古墙砖
2 中等颗粒人造石台面
3 米黄色釉面砖
4 板岩
5 啡网纹大理石

　　墙面选择了灰色的仿古砖搭配乳白色系的实木橱柜和米黄色的地砖，塑造出整洁、素雅的厨房空间。为了避免层次过于单调，地面同时用大理石和板岩进行了拼花处理，拼花部分与人造石台面色彩呼应，兼顾了整体感。

大理石与马赛克拼花搭配塑造华美感

1 啡网纹大理石
2 仿大理石地砖
3 金属马赛克
4 陶瓷马赛克
5 爵士白大理石

　　设计师将啡网纹大理石用在了台面和框架部分，与其他部分的浅色调形成了明快的色调对比，柔化了一些石材和瓷砖的冷硬感。墙面用白色陶瓷马赛克搭配银色的金属马赛克进行拼花，进一步强化了室内的华美感。

Part **2**

装饰漆

　　装饰漆是家庭装修中不可缺少的一种建材，具有不可替代的作用。各种颜色的墙面漆能够丰富空间的表情，即使仅靠墙面漆装饰墙面，做好色彩搭配，效果也能非常出众。除此之外还有木器漆，也是木作离不开的材料，它们可以让居室更美丽。

◆ 色彩和种类多样，非常适合 DIY

墙面漆及涂料

　　墙面漆和涂料属于环保材料，本身无毒害，施工简单，是家庭装修的必备建材。不同种类的墙面漆和涂料有不同的特点，适合用在不同的部位，了解这些特点能够更好地运用。

设计师 推荐 乳胶漆

材料特点 耐擦洗、抗菌，易于涂刷

搭配建议 室内空间的墙面、顶面、卫浴间用防水款

　　乳胶漆是水分散性涂料，它是以合成树脂乳液为基料，填料经过研磨分散后加入各种助剂精制而成的涂料，具备了与传统墙面涂料不同的众多优点，无毒无污染，色彩柔和，漆膜耐水。

硅藻泥

　　硅藻泥健康环保，不仅有很好的装饰性，还具有功能性，是替代壁纸和乳胶漆的新一代室内装饰材料。

材料特点 消除甲醛、净化空气，调节湿度，防火阻燃

搭配建议 室内墙面，不适合用在地面上

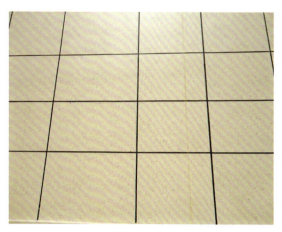

仿岩涂料

具有岩石的表面质感，是一种水性环保涂料。表面有颗粒，相比瓷砖和石材，是一种更为经济的塑造粗犷风格的材料。

 材料特点 透气性好，易养护，强度高，耐冲击

 搭配建议 适合用在阳台墙面，替代部分石材

艺术涂料

不仅克服了乳胶漆色彩单一、无层次感及壁纸的缺点，同时具有乳胶漆易施工、寿命长的优点和壁纸图案精美、装饰效果好的优点。

 材料特点 无毒，环保，防水，防尘，阻燃

 搭配建议 代替壁纸和乳胶漆，主要用于室内墙面

液体壁纸

液体壁纸是一种新型艺术涂料，也称壁纸漆，是集壁纸和乳胶漆特点于一体的环保水性涂料。不仅色彩均匀、图案完美，而且极富光泽。

 材料特点 颗粒细致，质地偏软，价格高

 搭配建议 背景墙、各种台面板、墙面、地面

◆ 让家具更美观、更耐用，水性类更环保

家具装饰漆

家具装饰漆包括木器漆和彩色漆两大类，分别适合显露木纹的家具和纯色的家具，除了美化表面外，还能够起到一定的保护作用，让家具使用得更长久。无论哪一种漆，都是水性的最环保。

设计师 **推荐** **清漆**

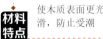

材料特点 使木质表面更光滑，防止受潮

搭配建议 涂装一切室内木质材料的表面

清漆涂刷木质表面可避免木质材料直接被硬物刮伤、划痕，有效防止阳光直晒木质家具造成干裂。清漆按照环保性能可分为水性漆和油性漆，前者更环保，但硬度略逊于后者。

彩色漆

包括白色和彩色两大类，即为常说的"混油"，最常见的是白色混油使用的白色漆，施工技术成熟，且非常百搭。

材料特点 能够为家具变色，改变单一的木材纹理

搭配建议 木质材料的表面，包括家具、墙面、门等

◆ 修补、找平，涂装工程不可缺少的材料

辅助材料

无论是何种界面，在进行刷漆之前，都需要对基层进行找平处理，使涂装效果更佳。如果是涂刷清漆，还需要对木饰面修补裂缝和钉眼，此步骤离不开各种腻子，它们是涂装工程不可缺少的材料之一。

设计师 推荐 **墙面漆腻子**

材料特点 防潮、找平，使墙面更平整

搭配建议 墙漆及壁纸的基层找平处理

在涂刷墙漆、涂料或粘贴壁纸之前，需要在墙面刮一次腻子，一到两层，作用是为了遮盖底层的瑕疵以及随墙面进行找平，使表面的漆层更平整，涂刷效果更佳。分为耐水腻子和普通腻子。

家具腻子

分为清漆用的透明腻子和混油用的白腻子两种，作用是修补基层的裂缝、钉眼，让家具的涂装效果更好。

材料特点 修补基层，使基层更平整，伸缩性佳

搭配建议 所有需要涂刷家具漆的饰面

案例 **解析**

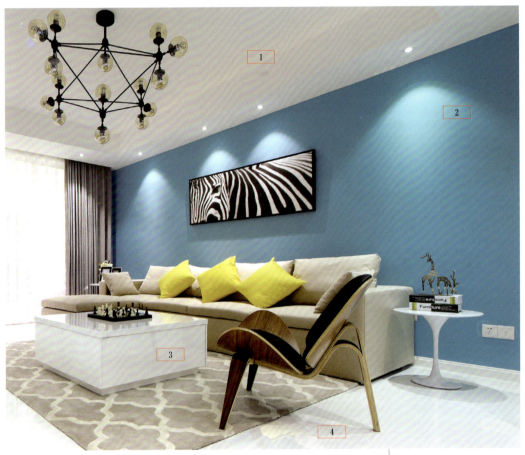

蓝色与白色组合的墙面塑造清新感

  沙发背景墙采用蓝色乳胶漆搭配白色乳胶漆顶面和白色玻化砖地面，塑造出清新、爽朗的氛围。为了避免过于冷清，沙发选择了米灰色的布艺款式，再搭配黄色的靠枕，与蓝色墙面形成对比，增添了些许活泼感。

1 白色乳胶漆

2 蓝色乳胶漆

3 白色混油家具漆

4 白色玻化砖

不同色彩的木器漆组合塑造绅士感

1 蓝色混油漆

2 白色混油漆

3 白色乳胶漆

4 白色乳胶漆

深蓝色与白色混油组合的木质电视墙，搭配同色系组合的沙发和厚重的地面，塑造出冷静、干练的绅士感，非常适合男性单身者。电视柜没有用统一的白色而加入了深蓝色调和，丰富了节奏感，虽然冷色居多，却并不单调。

果绿色与白色的墙面具有北欧风情

1 白色乳胶漆

2 果绿色乳胶漆

3 木器漆清漆饰面

果绿色搭配白色，清新而简约，组合原木色的木质家具和柔软简洁的布艺沙发，具有明显的北欧风情。比起惨白一片的白色墙面，带有色彩的背景墙，更让人感觉舒适，虽然整体布置很简洁，却并不让人感觉乏味、单调。

延续式的设计方式让空间更整体

　　以粉红色与绿色结合的床品，搭配部分高纯度蓝绿色乳胶漆墙面，再加入大面积的白色进行调和，显得卧室氛围明快而活泼。

1 白色乳胶漆

2 蓝绿色乳胶漆

3 白色混油漆

4 木地板

5 地毯

白色为主塑造纯净感的空间

1 白色乳胶漆

2 木地板

3 地毯

　　白色墙面、白色沙发、白色家具，以白色为主色少量糅合浅银灰色，能够塑造出简约而纯净的空间。为了避免白色沙发与背景分不清，加入了灰色和黑色搭配的靠垫，以突显主角。

红色与灰色的撞击

1 白色乳胶漆

2 红色乳胶漆

3 木地板

4 地毯

　　选择了一张深灰色的沙发作为主角，搭配两张浅灰色单人沙发，用不同色调的灰色与红色的乳胶漆墙面撞击，比使用黑色与红色对比要柔和许多，但仍然具有冲击力。

Part 3

装饰板材

若想营造出自然无压的空间，温厚的板材无疑是最合适的材料，其温润的质地无论是用于顶面，还是墙面，都能令人从紧张的生活节奏中得到释放。板材的种类繁多，将木材与家居装修完美结合是必须掌握的设计要领。

◆ 种类繁多，施工简单，家居装修中运用广泛

木纹饰面板

木纹饰面板，全称装饰单板贴面胶合板，它是将天然木材或科技木刨切成一定厚度的薄片，黏附于胶合板表面，然后热压而成的一种用于室内装修或家具制造的表面材料。种类繁多，施工简单，是应用比较广泛的一种板材。

设计师 **推荐** **柚木**

材料特点 含油量高，不易变形，胀缩率小

搭配建议 家具、门、门窗套、墙面的饰面装饰

柚木木质坚硬适中，色泽金黄，纹理线条优美，因含有金丝所以又称金丝柚木。柚木饰面板具有柚木的装饰特点，其色泽温润，非常高档，十分百搭。

樱桃木

纹理通直，有狭长的棕色髓斑。装饰面板多为红樱桃木，给人以暖色赤红感觉，合理使用可营造高贵气派的感觉。

材料特点 结构细腻，进口板材效果更佳但价格高

搭配建议 家具、门、门窗套、墙面的饰面装饰

榉木

　　榉木饰面板分为红榉和白榉。细而直或带有均匀点状，纹理透明，漆涂装效果颇佳。属于低档板材，价格较低，适合风格较多。

 材料特点　耐磨、耐腐、耐冲击，干燥后不易翘裂

 搭配建议　家具、门、门窗套、墙面的饰面装饰

桦木

　　桦木饰面板年轮纹路略明显，纹理直且明显，材质结构细腻而柔和光滑，质地较软或适中，颜色为黄白色、褐色或红褐色。

 材料特点　花纹明晰，易干燥、要求室内湿度大

 搭配建议　家具、门、门窗套、墙面的饰面装饰

水曲柳

　　呈黄白色，结构细腻，纹理直而较粗。分为山纹和直纹，制成山纹后纹理清晰，因此大多是用于制造成山纹产品。

 材料特点　结构细腻，纹理直而较粗，胀缩率小

 搭配建议　家具、门、门窗套、墙面的饰面装饰

黑胡桃

色彩为灰色，纹理粗而富有变化。透明漆涂装后纹理更加美观，色泽深沉稳重。比较百搭，适合各种风格的居室。

 材料特点 涂刷次数要比其他饰面板多1 ～ 2 道

 搭配建议 家具、门、门窗套、墙面的饰面装饰

红胡桃

纹理与黑胡桃类似，粗而富有变化。颜色为红色或红棕色，具有复古感，适合塑造华丽、富贵的效果。

 材料特点 涂刷次数要比其他饰面板多1 ～ 2 道

 搭配建议 家具、门、门窗套、墙面的饰面装饰

橡木

花纹类似于水曲柳，但有明显的针状或点状纹。可分为直纹和山纹，山纹橡木饰面板具有比较鲜明的山形木纹，纹理活泼。

 材料特点 变化多，有良好的质感，质地坚实

 搭配建议 家具、门、门窗套、墙面的饰面装饰

铁刀木

肌理致密，紫褐色深浅相交成纹，酷似鸡翅膀，因此又称为鸡翅木。木质纹理独具特色，因此比较珍贵。

材料特点 产量少，涂装效果好

搭配建议 家具、门、门窗套、墙面的饰面装饰

枫木

板可分为直纹、山纹、球纹、树榴等，花纹呈明显的水波纹，或呈细条纹。乳白色，格调高雅，色泽淡雅均匀。

材料特点 硬度较高，胀缩率高，强度低

搭配建议 家具、门、门窗套、墙面的饰面装饰

TIPS

饰面板的鉴别

厚度：表层木皮的厚度太薄会透底、厚度佳油漆后才能够实木感真、纹理清晰、色泽鲜明、饱和度好。鉴别表皮厚度可以看板面有无渗胶、涂水后有无泛青，有这些现象则属于薄皮面板。基层的厚度、含水率要达到国家标准。

外观：饰面板外观应细致均匀、色泽清晰、木纹美观，配板与拼花的纹理应按一定规律排列，木色相近，拼缝与板边近于平等。表面无疤痕，色彩要一致。

影木

　　影木板常见的种类有红影和白影两种，纹理十分具有特点，90°对拼时产生的花纹在柔和的光线下显得十分漂亮。

材料特点　结构细且均匀，强度高

搭配建议　家具、门、门窗套、墙面的饰面装饰

麦哥利

　　木材浅褐红色，纹理统一性极强，且其年轮变化多。清漆后光泽度佳，纹理直,是一种表现力极强的装饰板。

材料特点　结构细而均匀，强度弱

搭配建议　家具、门、门窗套、墙面的饰面装饰

榆木

　　纹理直长且通达清晰，有黄榆饰面板和紫榆饰面板之分。刨面光滑，弦面花纹美丽，具有与鸡翅木一样的花纹。

材料特点　密度大，木材硬，天然纹理优美

搭配建议　家具、门、门窗套、墙面的饰面装饰

玫瑰木

颜色为浅红褐色，线条纹理鲜明，色泽均匀，装饰效果呈现清晰现代感，适合现代类装饰风格，用于简约、现代风格居室。

 材料特点 木质坚硬，纹理变化丰富

 搭配建议 家具、门、门窗套、墙面的饰面装饰

巴花木

纹理直略交错，木纤维粗细相当，结构细而匀，图形丰富多彩，色泽奇丽，花纹亮丽。纹理和材色近似花梨木。

 材料特点 强度高，耐腐蚀

 搭配建议 家具、门、门窗套、墙面的饰面装饰

树瘤木

雀眼树瘤的纹理看似雀眼，与其他饰板搭配，有画龙点睛的效果；玫瑰树瘤色泽鲜丽、图案独特，适用于点缀配色。

 材料特点 色泽、纹理独特，适合点缀

 搭配建议 家具、门、门窗套、墙面的饰面装饰

黑檀木

　　为名贵木材，山纹有如幽谷，直纹疑似苍林。装饰效果浑厚大方，板面庄重而有灵气，是木纹饰面板中的极品。

 材料特点　色泽光亮、纹理匀称，木质细腻坚硬

 搭配建议　家具、门、门窗套、墙面的饰面装饰

沙比利

　　线条粗犷，颜色对比鲜明，装饰效果深隽大方，可分为直纹沙比利、花纹沙比利、球形沙比利。上漆等表面处理的性能良好。

 材料特点　光泽度高、耐用性中等

 搭配建议　家具、门、门窗套、墙面的饰面装饰

斑马木

　　又名乌金木，纹理华美，色泽深鲜，线条清楚，乌黑与金黄的丝丝交错，行云流水般，呈现出独特的装饰效果。

 材料特点　结构出色，硬度、密度高

 搭配建议　家具、门、门窗套、墙面的饰面装饰

◆ 木工构造离不开的材料，不同种类不同作用

构造板材

　　构造板材是指能够制作家具、门、墙面装饰以及隔墙的基层板材，种类繁多，不同的种类作用不同，最常用的如细木工板、多层板等，了解它们的特点，能够更好地制作木作的框架结构。

设计师 推荐 细木工板

 材料特点 质轻、易加工、握钉力好

 搭配建议 墙面造型以及家具、门窗造型基层的制作

　　由两片单板中间胶压拼接木板而成。中间木板是由优质天然的木板方经热处理以后，加工成一定规格的木条，由拼板机拼接而成，承重能力佳。木芯一般有柳桉芯、桐木芯、杉木芯，杉木最佳。

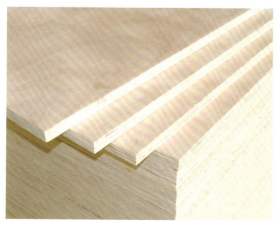

多层板

　　实木多层板不易变形，同一品牌、同一厚度的板材，多层板价格都比细木工板要高一些，但承重力略低于细木工板。

 材料特点 不易因为受潮而变形、强度高

 搭配建议 各种柜子的柜体、室内门基层

实木指接板

将各种实木采用蒸汽烘干技术烘干，而后将多块木板拼接，上下不再粘压夹板，竖向木板间采用锯齿状接口，类似手指交叉对接。

材料特点 环保性能好，可取代细木工板

搭配建议 家具、橱柜、衣柜等基层制作

刨花板

又叫微粒板、颗粒板，由木材或其他木质纤维素材料制成的碎料，施加胶粘剂后在热力和压力作用下胶合成的人造板，也称为碎料板。

材料特点 横向承重力好，强度差，不防潮

搭配建议 家具、橱柜、衣柜等基层制作

纤维板

由木质纤维素纤维交织成型并利用其固有胶粘性能制成的人造板，又名密度板。制作家具的一般都是中度密度板。

材料特点 纵横强度差小，受潮易变形，环保性低

搭配建议 家具、门、门窗套、墙面的饰面装饰

奥松板

奥松板用辐射松原木制成，辐射松是从欧洲阿尔卑斯地区针叶林场采伐的，主要使用原生林树木，能够更直接地确保所用纤维线的连续性。

材料特点 质轻、握螺钉力好、结实耐用、环保

搭配建议 各种柜子的柜体、室内门基层

欧松板

甲醛释放含量低，并且结实耐用，且比中密度纤维板制作的家具质量轻，平整度更好，但稳定性略差，可以直接做面材使用。

材料特点 质轻、握螺钉力好、结实耐用、环保

搭配建议 各种柜子的柜体、室内门基层或面层

实木板

实木板就是采用完整的木材（原木）制成的木板材。一般按照原木材质名称分类，没有统一的标准规格。

材料特点 坚固耐用、纹路自然、吸湿、透气

搭配建议 家具、门、门窗套、墙面装饰

◆ 个性化的饰面板，带来个性的装饰效果

其他装饰板材

除了常规的木纹饰面板外，还有一些非常独特的装饰板材，它们有的可以单独运用，有的只能作为饰面使用；有的带有实木的纹理效果，有的则脱离了木纹，如椰壳板，取代木纹饰面板能够获得个性的装饰效果。

设计师 **推荐 风化板**

材料特点 木纹鲜明、个性独特，怕潮湿

搭配建议 家具、门、门窗套、墙面的饰面装饰

风化板有实木板和贴皮夹板两种，都是运用钢刷磨除木纹中质地较软的材质部分，使板材表面呈现出风化般的斑驳以及凹凸的纹理感，十分个性。

美耐板

美耐板是一种表面装饰材料。是以含浸过的毛刷色纸与牛皮纸层层排叠，再经由高温高压压制而成。

材料特点 耐高温、高压，耐刮，防焰

搭配建议 家具、门、门窗套、墙面的饰面装饰

实木贴皮

是把原木切割成0.15～3mm的木皮，经过浸泡、烘干等工艺加工而成的饰面材料，价格便宜但保留了实木的触感。

 材料特点 可取代昂贵的实木，同时具有实木触感

 搭配建议 墙面造型、门及家具的表面装饰

免漆板

一种新型环保装饰材料。"三聚氰胺"是制造此种板材的其中一种树脂胶粘剂，因此也称为三聚氰胺板。

 材料特点 具有天然质感，木纹清晰，离火自熄

 搭配建议 墙面造型、门及家具的制作

科定板

又称为KD 板，属于绿色环保建材，表面光滑，色彩丰富，可以重新还原各种稀有珍贵木材，能够改造原木材缺陷。

 材料特点 防火焰，耐磨、抗酸碱，绿色、环保

 搭配建议 墙面饰面或直接制作家具、门等

模压板

选择优质的中密度板，进行铣型、砂光后，在表面应用真空吸塑的原理，把PVC膜紧密的贴上而形成的门板和装饰板产品。

 材料特点 防水性能好、环保、造型和色彩纹理多样

 搭配建议 家具、橱柜、衣柜等饰面

椰壳板

一种新型环保建材，是以高品质的椰壳为基材，纯手工制作而成，有自然弯曲的美丽弧度。

 材料特点 耐磨、硬度高，不怕水，无须涂饰油漆

 搭配建议 家具、墙面的饰面

波浪板

一种新型时尚艺术室内装饰板材，又称3D立体浪板，可代替天然木皮、贴面板等。

 材料特点 环保、天然质感、素雅质朴、施工简便

 搭配建议 家具、墙面的饰面

◆ 装饰效果好，性能优良、用途广泛

护墙板

护墙板又称墙裙、壁板，是新型装饰墙体的材料，一般以木材等为基材。它具有质轻，防火、防蛀，施工简便，使用安全，维护保养方便等优点。它既可代替木墙裙，又可代替壁纸、墙砖等墙体材料。

设计师 **推荐** **造型板**

材料特点 立体感强，具有华丽的装饰效果

搭配建议 室内各空间或各部位墙面的装饰

带有立体造型的护墙板，适合华丽、复古的风格，色调分为两类，一类为深色木质，另一类为浅色木质。深色适合大空间，浅色适合各种空间。不仅可以装饰墙面，还可以装饰柜面，与墙面形成一体的效果。

平面板

造型比较简单的护墙板，由于造型简单，所以适合的风格比较广泛，同样分为深色和浅色。

 材料特点 具有简洁的装饰效果

 搭配建议 室内各空间或各部位墙面的装饰

◆ 防潮、抗变形的板材，使卫浴更个性

卫浴板材

　　卫浴间比较潮湿，绝大部分板材没办法使用，这就限制了卫浴的材料多样性。实际上还有两种木质材料是不怕潮湿的，可以将它们用在卫浴间中为单调的卫浴间增添一些温暖、舒适的感觉，这两种木质材料就是碳化木和桑拿板。

设计师 **推荐** **桑拿板**

材料特点 耐高温，不易变形

搭配建议 卫浴间的墙面、顶面或地面

　　桑拿板是用于卫生间的专用木板，一般选材于进口松木类和南洋硬木，经过防水、防腐等特殊处理，不仅环保而且不怕水泡，更不必担心发霉、腐烂。主要板材有杉木、樟松、白松、红云杉、铁杉、香柏木等。

碳化木

　　碳化木素有物理"防腐木"之称，也称为热处理木。属于环保防腐型材料，分为表面碳化和深度碳化两种。

材料特点 不易变形、防腐、稳定性高

搭配建议 适用于卫浴间和阳台地面，也适用于庭院

案例解析

木质书橱搭配木地板塑造舒畅感

　　整面墙都做成了开敞式的格子书橱，并用浅色系的榉木饰面板饰面，搭配浅色系的木地板和白色的乳胶漆，舒适而简约，塑造出使人感到放松的书房空间。

1 榉木饰面书橱
2 木地板
3 白色乳胶漆

布艺增加了生活气息

1 棕红色平面护墙板

2 米色乳胶漆

3 米黄色玻化砖

4 实木板家具

棕红色的护墙板搭配米色的乳胶漆形成了轻重对比，再组合敦实的木质和皮质组合的沙发和实木茶几，厚重、复古，塑造出具有华丽感和高级感的美式韵味空间。

浅色木纹塑造温馨感

1 白色乳胶漆

2 浅色科定板

3 木地板

设计师用浅色系的木质装饰空间，如墙面上的米黄色科定板，地面上的同色系木地板，搭配白色的墙面，非常温馨。为了调节层次感避免重心不稳，家具选择了深色系，也增添了层次感。

延续式的设计方式让空间更整体

    顶面、墙面和地面，同时使用了同色系不同纹路的木纹材料，这种延续式的设计方式，加强了空间界面之间的整体感，但同时纹理上还存在着层次。白色柜子和玻化砖地面的加入，使整体效果更整洁、大方。

1 橡木饰面板
2 木地板
3 玻化砖
4 实木板家具

用延续式的造型使木质材料具有冲击力

1 白色乳胶漆
2 实木条拼接

　　当一种材质贯穿顶面、墙面、地面时，本身就具有了极大的冲击力，即使是温润的木料也让人惊叹，再配以变换的紫灰色沙发和黄色靠垫，就形成了前卫与个性的氛围。

彰显古典感和历史感

1 白色乳胶漆
2 实木板
3 仿砖石文化石
4 木地板
5 地毯

　　卧室空间足够大且采光佳，背景墙选用了厚重的深褐色实木材料以及同色系的仿砖石文化石，然后用白色与灰色结合的床品与它们搭配，彰显古典的文雅与历史感的同时也不会让人觉得沉闷。

枫木饰面板塑造简约空间

　　白色顶、深灰色的地面，中间部分的墙面采用明度接近白色的浅米色枫木饰面板，塑造出了具有温馨感的简约风格餐厅空间，少即是多，虽然非常简洁，却并不显得单调、乏味。

1 白色乳胶漆

2 枫木饰面板

3 石英石板岩

Part4

墙面加工

　　除了墙面漆涂料及饰面板外，还有一些装饰墙面的材料，包括墙布、玻璃和壁纸等。壁纸是最常使用的墙面材料，种类多样，具有非常出色的装饰效果；墙布与其类似，但使用较少；而玻璃则非常现代、时尚，掌握它们的特点能让家居更个性。

◆ 效果自然、舒适，但保养和使用限制多

墙布

墙布也叫"壁布"，是裱糊墙面的织物。以棉布为底布，在底布上进行印花、轧纹浮雕处理或大提花制成不同的图案。所用纹样多为几何图形和花卉图案，墙布的使用限制较多，不适合潮湿的空间，保养没有壁纸方便但效果自然。

设计师 推荐 无纺墙布

材料特点 不易折断、不易老化，无刺激性

搭配建议 除卫浴和厨房外，室内各空间的墙面

采用棉、麻等天然纤维或涤纶、腈纶等合成纤维，经过无纺成型、上树脂、印制彩色花纹而成。无纺墙布色彩鲜艳、表面光洁、有弹性、挺括，有一定的透气性和防潮性，可擦洗而不褪色。

玻璃纤维墙布

以中碱玻璃纤维布为基材，表面涂以耐磨树脂，印上彩色图案而成。花色品种多，色彩鲜艳，但易断裂老化。

材料特点 不易褪色、防火性能好，耐潮性强，可擦洗

搭配建议 除卫浴和厨房外，室内各空间的墙面

纯棉装饰墙布

　　以纯棉布经过处理、印花、涂层制作而成。表面容易起毛，且不能擦洗。不适用于潮气较大的环境，容易起鼓。

 强度大、静电小、蠕变形小、透气、吸声

 卧室、书房等墙面

化纤墙布

　　以化纤布为基布，经树脂整理后印制花纹图案，新颖美观，色彩调和，无毒无味。不易多擦洗，因此宜布置在卧室等灰尘少的地方。

 无毒无味，透气性好，不易褪色

 除卫浴和厨房外，室内各空间的墙面

锦缎墙布

　　以锦缎制成的墙布。花纹艳丽多彩、质感光滑细腻。但价格昂贵，与纯棉墙布一样不耐潮湿，不耐擦洗。

 静电小，透气、吸声

 卧室、书房等墙面

塑料墙布

　　用发泡聚氯乙烯制成的墙布，质地厚、富有弹性、立体感强，能保温、消除澡声，阳光直射下会褪色泛黄。

 可擦洗，但透气性差，不吸湿

 除卫浴和厨房外，室内各空间的墙面

刺绣墙布

　　刺绣墙布是在无纺布底层上，用刺绣的方式将图案呈现出来的一种墙布。此类墙布具有艺术感，非常精美，装饰效果好。

 带有精美的刺绣，装饰效果佳

 卧室、书房等墙面

编织墙布

　　天然植物纤维编织而成，主要有草织、麻织等，其中以麻织壁布质感最朴拙，表面多不染色而呈现本来面貌；草编多做染色处理。

 自然类材料制成，颇具质朴特性

 卧室、书房等墙面

亚克力墙布

以压克力纱纤维为原料制作的墙布，质感有如地毯，但厚度较薄，质感柔和，以单一素色最多。

 材料特点 质感佳，素色适合大面积使用

 搭配建议 除卫浴和厨房外，室内各空间的墙面

丝质墙布

以丝质纤维制作成的壁布质料细致、美观，因其特有的光泽，呈现出高贵感。含丝质料较多者价格较高。

 材料特点 透气性好，不耐潮湿，易发霉

 搭配建议 卧室、书房等墙面

植绒墙布

是将短纤维植入底布中，产生绒布的效果。此类墙布质感极佳，非常适合华丽的风格，如欧式、新古典等风格的居室。

 材料特点 装饰效果佳，吸声性佳

 搭配建议 卧室、书房等墙面

◆ 现代工艺产品，具有时尚感和艺术感

玻璃

玻璃是一种非常现代的材料，种类繁多，不仅有平时运用很多的水银镜、彩色镜片等，还有一些融合了艺术感的艺术玻璃，既是装饰材料，也是艺术品，能够为家居空间带来时尚而高雅的韵味。

设计师 **推荐** **烤漆玻璃**

材料特点 耐水性，耐酸碱性强，环保

搭配建议 墙面、家具饰面，地面局部等

一种极富表现力的装饰玻璃品种，可以通过喷涂、滚涂、丝网印刷或者淋涂等方式来体现。烤漆玻璃在业内也叫背漆玻璃，做法是在玻璃的背面喷漆，然后在30~45℃的烤箱中烤8~12h。

琉璃玻璃

琉璃玻璃是将玻璃烧熔，加入各种颜料，在模具中冷却成型制成的。其面积都很小，价格较贵。色彩鲜艳、装饰效果强。

材料特点 造型别具一格，图案丰富、亮丽

搭配建议 拉门、屏风，也可镶嵌于门板或墙面中

水银镜片

　　最常见的镜片，底部涂刷水银显色，所以呈现银色。非常适合用在面积不大的小空间，能够使空间显得更明亮、宽敞。

材料特点 折射率、放光率均非常高，能够扩大空间感

搭配建议 墙面、家具的饰面

彩色镜片

　　镜片最适用于现代风格的空间，不同颜色的镜片能够体现出不同的韵味，营造或温馨，或时尚，或个性的氛围，包括黑镜、茶镜等。

材料特点 视觉上延伸空间感，使空间看上去变得宽敞

搭配建议 墙面、顶面、家具的饰面

钢化玻璃

　　属于安全玻璃，它是一种预应力玻璃，为提高玻璃的强度，通常使用化学或物理的方法，在玻璃表面形成压应力。

材料特点 碎片会成类似蜂窝状的钝角碎小颗粒

搭配建议 门、窗、隔断墙等

玻璃砖

　　玻璃砖是用透明或颜色玻璃料压制成型的块状或空心盒状，体形较大的玻璃制品。品种有玻璃空心砖和玻璃实心砖。

材料特点　质轻、透光、隔热、防水

搭配建议　不作为饰面，而作为隔墙、屏风等

压花玻璃

　　压花玻璃表面有花纹图案，可透光，但却能遮挡视线，即具有透光不透明的特点，有优良的装饰效果。

材料特点　透视性，因距离、花纹的不同而各异

搭配建议　门窗、室内间隔、卫浴等

彩绘玻璃

　　它是用特殊颜料直接着墨于玻璃上，或者在玻璃上喷雕成各种图案再加上色彩制成的，可逼真地对原画复制。

材料特点　画膜附着力强，可进行擦洗

搭配建议　室内墙面，门窗、隔断等

磨砂玻璃

磨砂玻璃是用普通平板玻璃经机械喷砂、手工研磨或氢氟酸溶蚀等方法将表面处理成均匀毛面制成的。

 材料特点 透光而不透视，光线柔和而不刺目

 搭配建议 隔断、门窗、墙面等

印花玻璃

将图案通过喷涂等手段，印在磨砂或烤漆玻璃上。

 材料特点 具有立体、生动的特点

 搭配建议 门窗、隔断、屏风等

镶嵌玻璃

镶嵌玻璃可以将彩色图案的玻璃、雾面朦胧的玻璃、清晰剔透的玻璃任意组合，再用金属丝条加以分隔。

 材料特点 能体现家居空间的变化，随意性和艺术感强

 搭配建议 地面、墙面、壁炉、台面板、背景墙等

◆ 装饰效果出众，没有色差，施工简单

壁纸

壁纸是除了乳胶漆外，最常使用的一种家居墙面装饰材料，它与乳胶漆相比没有色差，看到的即是得到的效果。施工简单，本身属于环保材料，无毒无害，但施工中使用的胶容易产生污染，可选择环保胶类来避免污染。

设计师 **推荐** **无纺布壁纸**

 材料特点 更环保、不发霉发黄，透气性好

 搭配建议 除了厨房空间外，室内各空间的墙面

无纺布壁纸也叫无纺纸壁纸，是高档壁纸的一种，由于采用天然植物纤维无纺工艺制成拉力更强，是最新型最环保的材质。色彩丰富、可循环再用。

PVC壁纸

使用PVC 这种高分子聚合物作为材料，通过印花、压花等工艺生产制造的壁纸。

 材料特点 有一定的防水性，施工方便

 搭配建议 除了厨房空间外，室内各空间的墙面

纯纸壁纸

是一种全部用纸浆制成的壁纸，这种壁纸由于使用纯天然纸浆纤维，透气性好，并且吸水吸潮，故为一种环保低碳的家装理想材料。

 材料特点 图案清晰细腻，并可防潮防紫外线

 搭配建议 除了厨房空间外，室内各空间的墙面

木纤维壁纸

是毒害量最小的材料，现代木纤维壁纸的主要原料都是木浆聚酯合成的纸浆，不会对人体造成危害，使用寿命也最长。

 材料特点 环保性、透气性最好，壁纸中的极品

 搭配建议 除了厨房空间外，室内各空间的墙面

植绒壁纸

植绒壁纸既有植绒布所具有的美感和极佳的消声、防火、耐磨特性，又具有一般装饰壁纸所具有的容易粘贴的特点。

 材料特点 质感清晰、柔感细腻、密度均匀、牢度稳定

 搭配建议 卧室、书房等空间的墙面

◆ 适合 DIY，个性而又具有艺术感

其他壁面材料

　　近年来，开始流行一些新的壁面加工材料，包括墙面彩绘和墙贴等。这类材料很适合DIY，属于美化型材料，需要乳胶漆或者涂料打底才能够施工，只要有一定的美术功底，操作起来非常简单，也可以请人施工，效果个性、独特。

设计师 推荐 墙面彩绘

材料特点 美化墙面，掩饰墙面的不足

搭配建议 除了卫浴、厨房的室内各空间墙面

　　是在室内的墙壁上进行彩色的涂鸦和创作，具有任意性和观赏性，能够充分体现作者的创意，非常适合DIY。除了可在新涂刷的墙面上做装饰外，还可用来掩盖旧墙面上不可去除的污渍，给墙面以新的面貌。

墙贴

　　墙贴是已设计和制作好现成图案的不干胶贴纸，只需要动手贴在墙上、玻璃或瓷砖上即可，具有出色的装饰效果。

材料特点 非常好粘贴，可随时更换，可自行DIY

搭配建议 墙面、衣柜、收纳柜的表面

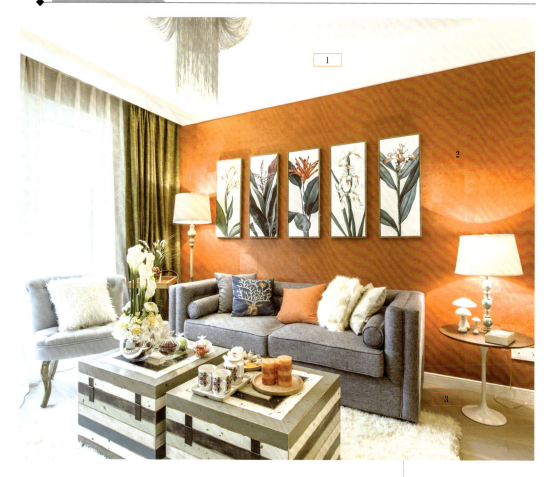

暖色壁纸与冷色沙发对比增添活泼感

　　墙面选择了纹理不太明显的深橘色壁纸，搭配蓝灰色系的沙发，形成了低调不刺激的对比感，使空间在文雅的整体氛围中增添了一些活泼感。

1 白色乳胶漆

2 无纺布壁纸

3 木地板

黑镜装饰柜门塑造时尚感

1 黑镜

2 灰色仿木纹地砖

3 棕色仿木纹地砖

　　将黑镜用在书橱的柜门上，形成了一整面镜墙，同时还具有实用作用，与不锈钢和玻璃的桌子搭配，塑造出极强的时尚感和现代感。墙面和地面采用浅色，避免了整个空间给人以过于厚重的感觉。

墙布与护墙板组合塑造古典韵味

1 刺绣墙布

2 实木立体护墙板

3 木地板

　　棕红色的墙布搭配棕黄色的实木立体护墙板，加以木地板和厚重款式家具的组合，塑造出古典、厚重的整体气氛。浅色系的布艺穿插搭配，增添了清新感，避免了大面积大地色给人以太沉闷的感觉。

丝质墙布组合贝壳马赛克塑造温馨感

卧室的重点部分均选择了米色系，在同一色系中做微弱的色调变化，统一而具有温馨感。主题墙中心用丝质墙布，两侧搭配贝壳马赛克，从细节上彰显品质感和低调的华丽感。

1 白色乳胶漆

2 丝质墙布

3 贝壳马赛克

4 木地板

装饰地材

　　地面材料是家庭装修中占据比重较大的一部分，除了前面讲过的瓷砖和大理石外，还有各种类型的地板、地毯等，它们比砖、石类材料更具温暖感，尤其是地板，新型地板的不断出现，也使家居材料的种类越来越丰富。

◆ 脚感舒适、温润，适合风格多样

木地板

随着人们生活水平的提高，木地板在家居装修中运用的比例越来越大，其质感温润、脚感舒适，相比冷硬的瓷砖和大理石来说，更显温馨，非常适合有老人和小孩的家庭使用。不同类型的木地板适合不同的环境，可根据其特点选择合适的种类。

设计师 **推荐** **强化地板**

材料特点 耐污、抗酸碱性好，免维护

搭配建议 除厨房和卫浴外，室内各空间地面

强化地板是以一层或多层专用浸渍热固氨基树脂，覆盖在高密度板等基材表面，背面加平衡防潮层、正面加装饰层和耐磨层经热压而成。一般是由四层材料复合而成，即耐磨层、装饰层、高密度基材层、平衡(防潮)层。

实木复合地板

表层为优质珍贵木材，保留了实木地板木纹优美、自然的特点，表面大多涂五遍以上的优质UV涂料。

材料特点 硬度、耐磨性、抗刮性佳，而且阻燃、光滑

搭配建议 除厨房和卫浴外，室内各空间地面

实木地板

实木地板是天然木材经烘干、加工后制成的地面装饰材料。它呈现出的天然原木纹理，给人以自然、柔和的质感，而且触感好。

材料特点 不同的木质不同特点，有的偏软，有的偏硬

搭配建议 卧室、书房等墙面

软木地板

软木地板被称为"地板的金字塔尖上的消费品"，主要材质是橡树的树皮，非常适合有老人和幼儿的家庭使用。

材料特点 具有弹性和韧性，环保性佳，隔声效果好

搭配建议 室内各空间地面

UV淋漆地板

是实木烘干后经过机器加工，表面经过淋漆固化处理而成，兼具传统实木地板与现代强化地板的各种优点。

材料特点 材质性温，脚感好，真实自然

搭配建议 室内各空间地面

超耐磨地板

完全是人工的产品，是在夹板上粘贴美耐板，相当于贴上了一层塑胶皮，因此非常耐刮，好打理，但是不耐潮湿，不适合潮湿环境。

 高耐磨性、好清理、易保养、防虫

 除厨房和卫浴外，室内各空间地面

海岛型地板

海岛型地板是将实木纵向切成0.6～4mm的片装，使用胶合技术与耐水夹板结合成型的地板。

 耐潮湿，不膨胀、不离缝，适合海岛型气候

 室内各空间地面

海岛型地板木皮厚度越厚越好

海岛型地板的实木皮并不是用其标明的树种来制作的，而是仿照它的颜色来命名的，所以并非标明白橡木就是由白橡木制成的海岛型地板。影响其价位的主要因素是木皮的种类及厚度，常见的木皮有0.6mm、2mm和3mm等，木皮越厚价格越高，厚度最少也要达到0.6mm才能体现木纹的质感和手感。以树的品种来说，最便宜的是白橡木和白栓木，最为昂贵的是柚木和黑檀木，这与树种的稀少程度及树种的特点有关。

◆ 非木质材料的地板，塑造个性家居空间

其他材料地板

除了常见的木地板外，还有一些其他材质的地板材料，如竹地板、亚麻地板、PVC地板等，它们同样可以用在家庭装修中。与木地板中含有木料不同，它们的材料不一，效果非常独特。

设计师 **推荐** **竹地板**

材料特点 牢固稳定，不开胶，不变形

搭配建议 除厨房和卫浴外，室内各空间地面

竹地板以天然优质竹子为原料，有竹子的天然纹理，清新文雅，给人一种回归自然、高雅脱俗的感觉，兼具有原木地板的自然美感和陶瓷地砖的坚固耐用。

亚麻地板

亚麻地板的主要成分为亚麻籽油、石灰石、软木、木粉、天然树脂、黄麻。具有良好的耐烟蒂性能，属于弹性地材。

材料特点 不适合潮气、湿气重的地方，图案可拼接

搭配建议 除厨房和卫浴外，室内各空间地面

PVC地板

PVC 地板也叫作塑胶地板，是以聚氯乙烯及其共聚树脂为主要原料添加辅料制成的，主要有多层复合型和同质透心型两种。

 吸水率高、强度低，容易断裂

 室内各空间地面

Epoxy地板

主要材料为环氧树脂，能够塑造无缝的光洁效果，很适合有宠物的家庭。怕潮湿，不适合卫浴间。

 有弹性，不易龟裂，耐酸碱、耐磨

 除厨房和卫浴外，室内各空间地面

盘多磨地板

盘多磨为新型的地坪材料，材质为自流平水泥，地材表面没有接缝，色彩图案变化多样，纹路自然、美观，表面有气孔。

 耐久度高、质地坚固，需现场施工

 室内各空间地面、墙面

榻榻米

榻榻米是用蔺草编织而成，主要是木制结构，在选材上有很多种组合。面层多为稻草，能够起到吸收湿气、调节温度的作用。

材料特点 能够吸收湿气，调节温度，吸汗、除臭

搭配建议 除厨房和卫浴外，室内各空间地面

楼梯材料

楼梯踏步主要有木质、砖石、玻璃、塑胶等几种，可以根据室内风格、颜色，结合楼梯的建筑方式来进行具体的挑选。

材料特点 装饰楼梯，使其效果与室内风格相符

搭配建议 楼梯踏步饰面

TIPS

楼梯踏步材质的选择

实木地材与其他材质不同，能够让人感觉自然、亲切、安全、舒适，特别适合三口之家、三代同堂等有老人和孩子的家庭，但是价格比较贵；金属结构玻璃踏步的楼梯最为现代、时尚，其造型新颖多变，不占用更多空间，安装拆卸方便，能够从多方面满足年轻一族的品位；天然石材也是运用较多的踏步面材，其纹理自然、多变，具有不可比拟的装饰效果，特别能够彰显出华丽的感觉，注意需要做防滑处理。

◆ 脚感舒适、吸声效果好，花色及种类繁多

地毯

地毯是以棉、麻、毛、丝、草等天然纤维或化学合成纤维类原料，经手工或机械工艺进行编结、栽绒或纺织而成的地面铺敷物。它不仅具有装饰效果，还有艺术观赏价值，脚感最佳，且隔声性能好。

设计师 **推荐** **混纺地毯**

| 材料特点 | 吸声、保湿、弹性好、脚感好 | 搭配建议 | 除厨房和卫浴外，室内各空间地面 |

混纺地毯中掺有合成纤维，价格较低，使用性能有所提高。花色、质感和手感上与羊毛地毯差别不大，但克服了羊毛地毯不耐虫蛀的缺点，同时具有更高的耐磨性。

羊毛地毯

羊毛地毯以羊毛为主要原料纺织而成。毛质细密，具有天然的弹性，受压后能很快恢复原状；不带静电，还具有天然的阻燃性。

 材料特点 图案精美，不易褪色，吸声、保暖、舒适

 搭配建议 除厨房和卫浴外，室内各空间地面

化纤地毯

　　化纤地毯也叫合成纤维地毯，它是用簇绒法或机织法将合成纤维织成面层，再与麻布底层缝合而成。

 材料特点 耐磨性好且富有弹性，价格较低

 搭配建议 除厨房和卫浴外，室内各空间地面

塑料地毯

　　塑料地毯是采用聚氯乙烯树脂、增塑剂等混炼、塑制而成。质地柔软，色彩鲜艳，舒适耐用。

 材料特点 不易燃烧且可自熄，不怕湿

 搭配建议 室内各空间地面

编织地毯

　　编织地毯主要由草、麻、玉米皮等材料加工漂白后纺织而成。乡土气息浓厚，适合夏季铺设，非常透气，且吸潮气。

 材料特点 易脏、不易保养，潮湿地区不宜使用

 搭配建议 除厨房和卫浴外，室内各空间地面

解析

暖色系地面增添温馨感

空间中的主体——床使用了白色，与顶面色彩呼应，显得非常整洁、干净，而卧室需要一些轻松感，过于苍白会失去舒适感，所以在地板上加铺了地毯，来增添温馨感。

1 白色乳胶漆

2 刺绣墙布

3 强化地板

4 混纺地毯

做旧的实木地板增添古朴感

1 淡黄色乳胶漆
2 实木地板

在做旧处理的具有古朴感和沧桑感的实木地板上，选择了现代款式的单人沙发椅和餐桌椅，形成了现代和古朴的融合。而酒柜和边柜选择了光滑的黑色木质，成为介质，更好地衔接了两种不同的感觉。

榻榻米和木质家具塑造禅意

1 胡桃木饰面板
2 无纺布壁纸
3 榻榻米

地面采用了榻榻米，搭配柔和的米色壁纸和草编坐垫，使空间充满了禅意和休闲感。为了避免浅色过多使配色显得乏味，柜子选择了胡桃木的饰面板，增加了重色，使配色更协调。

简洁而又不失"家"的温馨

　　空间设计以简约为主，无论是造型还是家具配置都非常简洁、大方。顶面和墙面大面积使用了白色，为了避免冷硬，地面选择了米黄色系的实木地板搭配羊毛地毯，来使"家"变得温馨又不失整洁感。

1 白色乳胶漆
2 白色乳胶漆
3 爵士白大理石
4 实木地板
5 羊毛地毯

用地毯活跃整体层次感

1 白色乳胶漆
2 白色乳胶漆
3 仿石材地砖
4 化纤地毯

客厅的整体配色比较朴素，顶面和墙面用白色，家具用白色、灰色和深蓝色，虽然很时尚，但显得有些缺乏层次感。加入一张带有灰色花纹的白底地毯，并没有打破原有的朴素感，却让层次感活跃起来。

木质桌椅与木地板的一体式设计

1 白色乳胶漆
2 科定板饰面柜子
3 实木复合木地板

地面用木地板搭配白色的墙面和顶面，具有北欧特征。餐桌椅选择了与木地板同色系的木质材料，家具与界面形成了一体化的感觉，使空间更显整体、协调。

Part **6**

顶面材料

顶面设计常常被人们忽略，恰当的顶面造型设计能够起到提升档次的作用。好的造型要依靠材料才能够实现，除了熟知的纸面石膏板外，还有其他类型的石膏板及扣板、石膏线也可以用来装饰顶面。

◆ 施工简单，保养方便，质轻易造型

石膏板

石膏板是最常用也最常见的吊顶材料，也可作为隔墙材料。它质轻、施工技术成熟，操作简单，可塑性强。根据不同的使用需求，石膏板发展出了不同的功能，如防水、防火、穿孔、浮雕等，适合不同的空间。

设计师 推荐 平面石膏板

材料特点 耐污、抗酸碱性好，免维护

搭配建议 除厨房和卫浴外，各空间顶面或隔墙

最经济和常见的品种，适用于无特殊要求的场所，表面平整没有造型。可塑性很强，易加工。板块之间通过接缝处理可形成无缝对接，面层非常容易装饰，且面层可搭配使用的材料非常多样。

浮雕石膏板

在石膏板表面进行压花处理，适用于欧式和中式的吊顶，能令空间更加高大、立体。可根据具体情况定制。

材料特点 没有纸面，表面有压花或雕花

搭配建议 除厨房和卫浴外，各空间顶面或墙面

防水石膏板

防水石膏板吸水率为5%，是在石膏芯材里加入一定量的防水剂，使石膏本身具有一定的防水性能，除此之外也做了防水处理。

 材料特点 防水、防潮

 搭配建议 适合用在卫浴和厨房中做吊顶

穿孔石膏板

用特制高强纸面石膏板为基板，采用特殊工艺，表面粘压优质贴膜后穿孔而成。施工简单便捷，无须二次装饰。

 材料特点 具有吸声功能，且美观环保

 搭配建议 需要吸声的房间，如影音室等

防火石膏板

表面为粉红色纸面，采用不燃石膏芯，混合玻璃纤维及其他添加剂，具有极佳的耐火性能。

 材料特点 具有防火作用，不助燃

 搭配建议 适合客厅及卧室的吊顶和隔断

◆ 具有自然感和沧桑感，适合表现田园、乡村韵味

石膏装饰线

石膏装饰线可用在天花板与墙面的接缝处，也可用在吊顶造型中，从空间整体效果上来看，能见度不高，但是能够起到增加室内层次感的重要作用。除了素雅的线条外，还有适合华丽风格的金漆线。

设计师 **推荐** **素雅装饰线**

材料特点 增添层次感，施工简单、方便

搭配建议 适合用在顶面转角或顶面上

素雅的白色石膏线是丰富简约风格居室层次感的最佳帮手，可以避免墙面和顶面之间的衔接过于直白产生单调感。

金漆装饰线

与素雅的装饰线相比，造型更复杂，并带有金色漆涂装，适合华丽一些的风格，如法式、新古典等。

 材料特点 装饰效果华丽，施工简单、方便

 搭配建议 适合用在顶面转角或顶面上

◆ 卫浴和厨房的最佳吊顶材料，防潮、易清洁

扣板

阳台、卫浴间及厨房这些空间都有潮气挥发，一些常规的顶面材料难以长久使用，而扣板却非常适合用在这些空间中，它质轻、防潮、耐火、易清洁，最早使用的是PVC扣板，而近年逐渐被升级产品铝扣板所替代。

设计师 **推荐** **铝扣板**

材料特点 耐酸碱、使用寿命长、强度高

搭配建议 厨房、阳台及卫浴的吊顶

铝扣板是以铝合金板材为基底，通过开料，剪角，模压成型得到。表面使用各种不同的涂层加工，可以得到各种铝扣板产品。铝扣板使用寿命长，板面花样丰富，逐渐代替了PVC扣板。

PVC扣板

是以聚氯乙烯树脂为基料，加入一定量的抗老化剂、改性剂等助剂，经混炼、压延、真空吸塑等工艺而制成的。

材料特点 质轻、防潮，易清洁，但寿命不长

搭配建议 厨房、阳台、卫浴的顶面，也可用于室内墙面

案例 解析

石膏线增添层次感

简约风格的卧室中，墙面和地面都非常素雅，顶面使用了部分石膏板吊顶以及白色的石膏线，为整体增添了层次感，但又不会显得过于复杂而破坏整体感，经济而又简洁。

1 石膏板吊顶造型

2 素雅石膏装饰线

3 灰色乳胶漆

4 混纺地毯

舍弃吊顶用石膏线做变化

1 白色乳胶漆
2 素雅石膏装饰线
3 白色乳胶漆
4 立体护墙板
5 仿古地砖

本案的房高不是很高，设计师舍弃了立体式的吊顶造型，而直接用石膏线粘贴在顶面以及墙角，做出简单的造型，与墙面的护墙板从线条上形成了呼应，既满足了造型变化又不会压低空间。

防水石膏板塑造个性厨房

1 防水石膏板吊顶
2 枫木饰面板
3 仿石材墙砖
4 仿石材地砖

厨房没有使用扣板吊顶，而是采用了防水石膏板做出了立体造型，两侧镶嵌灯槽，搭配石材花纹的墙面和地面，以及白色的橱柜，整体空间现代而时尚，改变了传统厨房不够精致的印象。

石膏线与石膏板组合构成顶面造型

　　客厅高度足够，因此设计了跌级式的吊顶，加以暗藏灯槽，增添了华丽的感觉。单独的石膏板造型层次有些单调，因此同时加入了石膏线来收边，使层次更丰富。为了避免顶部造型多而显得过重，地面及家具使用了厚重的暖色系，用色彩的不同感觉拉开了与顶面的距离，避免产生压抑感。

1 平面石膏板吊顶

2 素雅石膏装饰线

3 无纺布壁纸

4 无纺布壁纸

5 羊毛地毯

6 仿石材地砖

下移的石膏线增加动感

除了顶面的石膏线外，将常规式的顶角线下移，在临近顶面的墙面上，同时加设了一圈简单的石膏线条，为空间增添了一丝动感。同时在色彩上与电视墙呼应，使绿色与白色穿插更明显，强化了清新感。

1 素雅石膏装饰线
2 平面石膏板吊顶
3 绿色乳胶漆
4 平面护墙板
5 仿古地砖

小空间考虑简约化

客厅空间不大，因此设计方面应考虑尽量简约化，电视墙没有做过多造型，简单地使用壁纸和石膏板造型，组合周边式的简单吊顶和石膏线，简约但不乏田园韵味。

1 素雅石膏装饰线
2 平面石膏板吊顶
3 纯棉装饰墙布
4 石膏板造型
5 仿古地砖

Part 7

洁具及五金

卫浴间的洁具和五金配件，是生活中不可缺少的物件，它们的质量关系到使用的顺畅与否及使用寿命的长短。除了耐用外，外观也应与整体配色相协调，同时还应考虑尺寸问题，以防安装不上。

◆ 让洗澡变成享受，体现生活的品质

浴缸

当劳累了一天之后，回到家中在浴缸里泡个热水澡，可以缓解疲劳，让生活变得更有乐趣。浴缸并不是必备的洁具，适合摆放在面积比较宽敞的卫浴间中。现在市面上的浴缸可以分为亚克力浴缸、铸铁浴缸、实木浴缸、钢板浴缸和按摩浴缸。

设计师 推荐 亚克力浴缸

 材料特点 造型丰富，质量轻，表面光洁

 市场价格 1500元/个左右

亚克力浴缸采用人造有机材料制造，价格低廉。但人造有机材料存在耐高温能力差、耐压能力差、不耐磨、表面易老化的缺点。

铸铁浴缸

铸铁浴缸采用铸铁制造，表面覆搪瓷，质量非常大，使用时不易产生噪声。但是价格过高，分量沉重，不易于安装与运输。

 材料特点 经久耐用，注水噪声小，便于清洁

 市场价格 4000元/个左右

按摩浴缸

按摩浴缸主要通过马达运动，使浴缸内壁喷头喷射出混入空气的水流，造成水流的循环，从而对人体产生按摩作用。

 材料特点 具有健身、缓解压力的作用

 市场价格 4000元/个起

实木浴缸

实木浴缸选用木质硬、密度大、防腐性能佳的材质，如云杉、橡木、松木、香柏木等，以香柏木为最常见。

 材料特点 保温性强，缸体较深，需要养护，容易开裂

 市场价格 2500元/个起

钢板浴缸

钢板浴缸是比较传统的浴缸，质量介于铸铁缸与亚克力缸之间，保温效果低于铸铁缸，但使用寿命长，整体性价比较高。

 材料特点 耐磨、耐热、耐压

 市场价格 3000元/个起

◆ 家居必备洁具，款式、造型丰富

洗漱盆

洗漱盆的种类、款式、造型非常丰富，按造型可分为台上盆、台下盆、挂盆、立柱盆和碗盆。按材质可分为玻璃盆、不锈钢盆和陶瓷盆。洗漱盆价格相差悬殊，档次分明，影响洗漱盆价格的主要因素有品牌、材质与造型。

设计师 **推荐** **台下盆**

材料特点 容易打理，不容易发霉，安装较难

搭配建议 中、大面积的卫浴间，须安装在承重墙上

台下盆指洗漱盆镶嵌在台面以下的类型。此类洗漱盆易清洁，可在台面上放置物品。对安装要求较高，台面预留位置尺寸大小一定要与盆的大小相吻合，否则会影响美观。

台上盆

台上盆的洗漱盆在台面上，安装方便，可在台面上放置物品。洗漱盆与台面衔接处如果处理得不好，容易发霉。

材料特点 装饰效果好，艺术盆多为此类

搭配建议 小卫浴间，可以安装在非承重墙上

立柱盆

立柱式洗漱盆非常适合空间不足的卫生间安装使用，立柱具有较好的承托力，一般不会出现盆身下坠变形的情况。

 材料特点 占地面积小，造型优美，通风性好

 搭配建议 小卫浴间，对墙体类型没有限制

挂盆

壁挂式洗漱盆也是一种非常节省空间的类型，其特点与立柱盆相似，入墙式排水系统一般可考虑选择挂盆。

 材料特点 占地面积小，需要墙排水

 搭配建议 小卫浴间，需要安装在承重墙上

一体盆

一体盆的含义是盆体与台面一体，也就是一次加工成型的，这是其与其他的卫生间洗漱盆主要区别之处。

 材料特点 一体成型，易清洁，不发霉

 搭配建议 各类型的卫浴间均可，对墙体类型没有限制

◆ 使用频率最高的洁具，质量很重要

坐便器

所有洁具中使用频率最高的一个，家里的每个人都会使用它，它的质量好坏直接关系到生活品质，试想如果家里的坐便器总是出问题，肯定会影响心情。它的价位跨度非常大，从百元到数万元不等，主要是由设计、品牌和做工精细度决定的。

设计师推荐 虹吸式

材料特点 款式多，静音，容易清洁

市场价格 400～5000元/个

虹吸式坐便器的结构是排水管道呈"﹀"形，在排水管道充满水后会产生水位差，借水在坐便器内的排污管内产生的吸力将脏污排走，池内存水面较大，冲水噪声小，但比较费水。

直冲式

直冲式坐便器是利用水流的冲力来排出脏污，池壁较陡，存水面积较小，冲污效率高，不容易造成堵塞。

材料特点 冲水声音大，容易结垢，款式少

市场价格 400～3000元/个

连体式

连体式坐便器是指水箱与座体合二为一设计，体形美观、安装简单、类型丰富，一体成型，但价格相对贵一些。

 材料特点 占据面积小，不会藏污纳垢

 市场价格 400元/个起

分体式

分体式坐便器是指水箱与座体分开设计、分开安装的坐便器，分体式坐便器较为传统，连接缝处容易藏污垢。

 材料特点 占据面积较大，但维修简单

 市场价格 250元/个左右

悬挂式

直接安装在墙面上、悬空的坐便器，排水方式不同于其他款式的地面排水方式，而是通过墙面来排水，适合墙排水的建筑。

 材料特点 体积小，没有卫生死角

 市场价格 1000元/个起

◆ 位置和形状没有定式，但应与浴室协调、一致

浴室柜

浴室柜不像橱柜那样有一致的定式，它可以是任何形状，也可以摆放在任何恰当的位置。但一定要与浴室的整体设计相呼应，无论是材质色彩还是形状大小都要与其他设施协调一致，否则会给人画蛇添足的感觉。

设计师 **推荐** **独立式**

材料特点 样式简洁，占地面积小

搭配建议 适合面积较小或中等的卫浴间

独立式的浴室柜适合于单身公寓或外租式公寓，它非常小巧，不需要太多空间，但收纳、洗漱、照明等功能却一应俱全，同时还易于打理。

双人式

双人浴室柜指有两个洗漱盆的款式，它能避免早晨两个人因等用一个洗漱盆而手忙脚乱的局面。

 材料特点 使用方便，避免争抢，可分别安排物品位置

 搭配建议 适合比较宽大的卫浴间

组合式

组合式浴室柜既有开敞式的搁架，又有抽屉和平开门，可根据物品使用频率的高低和数量来选择不同的组合形式及安放位置。

材料特点 强大的功能性和清晰的分类

搭配建议 适合比较宽大的卫浴间

对称式

对称式浴室柜带给人视觉上和功能上的平衡感，无论使用者习惯于用右手还是左手都会找到顺手的一侧来摆放物品。

材料特点 结构对称，使用方便

搭配建议 不同大小适合不同面积的卫浴间

开放式

开放式浴室柜对清洁度的要求比较高。这种形式在使用中很方便，摆放的物品一目了然，省去东翻西找的麻烦。

材料特点 开敞式结构，一目了然

搭配建议 适合密封性和干燥性好的卫浴间

◆ 能够使生活更便利、提高生活品质的配件

其他洁具

　　随着生活水平的不断提高人们对生活品质的要求也不断提高，随之而来的就出现了很多新型的洁具，它们让生活更方便。最常见的为妇洗器和小便斗，对面积充足的卫浴间来说，可以根据需要添加。

设计师 推荐 **妇洗器**

材料特点	局部净身，使用方便

搭配建议	有女士的家庭或患有痔疮的人群

　　妇洗器是专为女性设计的洁具产品。净身盆外形与马桶有些相似，但又如脸盆装了龙头喷嘴，有冷热水选择，共有直喷式和下喷式两大类。不仅适合女性，也适合患有痔疮的人群。

小便斗

　　分为悬挂式和落地式两种，可根据浴室的面积选择款式和大小。悬挂式应注意墙面排水孔的距离，否则容易安装不上。

材料特点	硬度、耐磨性、抗刮性佳，而且阻燃、光滑

搭配建议	适合有男士的家庭，安装于卫浴间中

◆ 防臭、防返味最重要，结构决定优劣

地漏

地漏是每家每户必备的物件，由于地漏放置在地面以下，且要求密封好，所以不能经常更换。若购买了次品，则会严重影响使用效果，因此选购一款质量好的地漏尤其重要，除了质量外，还应重点关注结构是否能够有效防臭气。

设计师推荐　无水封地漏

材料特点	没有水封，防臭效果较好
市场价格	50～300元/个

无水封地漏是指通过机械或物理方式来防臭的款式，没有水封部分。一般有黄铜、不锈钢、锌合金等材质。锌合金耐腐蚀性不强，不锈钢地漏使用寿命较长，全铜地漏性能优秀，但价格高。

水封地漏

传统的地漏，通过水封来防臭，有浅水封、深水封和广口水封三种。内部有一个部件用来装水，从而隔开下水道的臭气。

材料特点	要随时注意水封深度，若水干了，会返味
市场价格	15～300元/个

◆ 在家中享受 SPA，但对水压有要求

淋浴柱

淋浴柱不同于花洒，它有更多的功能性，能够在家中享受SPA的感觉。但要注意家中的水压，如果水压不足则无法发挥功用。一般水压要在2kg以上，如果水压不足，需要安装增压泵。

设计师 **推荐** **金属面板**

材料特点 适合小浴室，价格差距大

市场价格 2000～4000元/个

金属面板的淋浴柱材料为铝合金或铜镀铬，此类产品外观质感好，较能凸显科技感，具有时尚感，适合现代风格的浴室。

玻璃面板

主体材料为玻璃，具有很漂亮的外观，但款式较少，比较重，产量少，可选择性少，风格百搭。

材料特点 颜色少，价格高

市场价格 5000元/个左右

◆ 使卫浴间干湿分区，整洁、省力

淋浴房

　　淋浴房的作用是使卫浴间实现干湿分区，避免洗澡的时候水溅到其他洁具上面，能够使后期的清扫工作更简单、省力。可以分为整体式预防和淋浴屏两类，前者限制性较大但功能多，后者比较简单，对空间要求小。

设计师 推荐 淋浴屏

材料特点 安装简单，大小可定制

搭配建议 适合各种面积的卫浴间安装

　　主料为钢化玻璃和金属边框，属于定制产品，根据卫浴间的大小而制定形状和安装位置，包括一字形、直角形、五角形和圆弧形4种造型。即使是5m²左右的小卫浴间，也可以安装。

一体式淋浴房

　　整体式的淋浴房，功能较多，有的可以按摩，内部带有底盆以及放置物品的置物架，可以整体移动。

 材料特点 功能较多，需要宽敞一些的空间

 搭配建议 适合大、中型的卫浴间安装

◆ 个头小但作用大，越重材质越纯

水龙头

越小的五金件发挥的作用往往越大，水龙头虽然使用的部位不多，却是使用率很高的五金件。很多人往往随意购买水龙头而不像其他大的配件那样讲究，这是一个错误的观念，不合格的水龙头很容易出现问题，影响使用。

设计师 **推荐** **扳手式**

 材料特点 款式最常见，安装技术成熟

 搭配建议 卫浴间、阳台及厨房均可使用

最常见也是最常用的水龙头款式，安装简单。分为单向扳手式和双向扳手式两种，前者只有一个扳手同时控制冷热水，后者有两个扳手，分别控制冷热水的开关。

按弹式

此类水龙头通过按动控制按钮来控制水流的开关，与手的接触面积小，所以比较卫生，适合有孩子的家庭。

 材料特点 修理难度较大，价格适中

 搭配建议 适合卫浴间安装

感应式

　　水龙头上带有红外线感应器，当手移动到感应器附近时，就会自动出水，不用触碰水龙头，是最卫生的一种。

 修理难度大，价格较高

 适合卫浴间安装

入墙式

　　出水口连接在墙内的一种水龙头，简洁、利落，非常美观、整洁。有扳手式也有感应式，安装此类水龙头需要特别设计出水口。

 修理难度大，价格较高

 适合卫浴间安装

抽拉式

　　水龙头部分连接了一根软管，除了按照常规方式使用水龙头外，还可以将喷嘴部分抽拉到需要的位置。

 非常人性化，使用方便

 卫浴间、阳台及厨房均可使用

◆ 实用型的五金配件，根据面积和位置选款式

其他五金

花洒和置物架也属于卫浴间的五金配件之一，花洒主要有支架式和半手提两种，大小不同，可结合浴室面积选择；置物架可以利用墙面和角落的空间，增大储物空间，注意放在淋浴区的应选择防潮材料。

设计师 **推荐** 花洒

材料特点 使用方便，款式多样

搭配建议 根据需要，选择半手提式或支架式

花洒的质量直接关系到洗澡的畅快程度，如果购买的花洒出水时断时续且喷水不全，洗澡就会变成郁闷的事情。花洒的面积与水压有直接关系，一般来说，大的花洒需要的水压也大。

置物架

卫浴置物架是不可缺少的配件，主要材料有塑料、玻璃及金属三种，安装方式有固定式和吸盘式。

材料特点 款式多样，小身材大作用

搭配建议 根据卫浴间的剩余空间选择合适的大小

案例 解析

洁具与卫浴间风格的协调组合

卫浴间墙面和地面以爵士白大理石为主材，简约中带有一点华丽感，洁具的选择也与这种风格呼应。无论是精致的悬挂式坐便器，还是由黑、白、灰组合的独立式浴室柜，都非常注重细节和品质感。

1 防水石膏板吊顶

2 爵士白大理石

3 悬挂式坐便器

4 台上盆洗漱盆

5 独立式浴室柜

6 钢板浴缸

白色的洁具增添了整洁感

1 仿大理石墙砖
2 仿大理石墙砖
3 扳手式水龙头
4 台上盆洗漱盆
5 独立式浴室柜

卫浴间内的墙面选择了米黄色和灰色仿大理石墙砖组合，略显些许凌乱，用白色的洁具加入进来，增添了整洁感，使多种色彩更好地通过白色融合了起来，没有了突兀感。

整体设计体现高品位的生活方式

1 台上盆洗漱盆
2 啡网纹大理石
3 仿石材地砖
4 淋浴屏
5 虹吸式坐便器

啡网纹大理石组合米黄色的仿石材砖，明快而不失温馨感，洁具全部选择白色，与门的颜色呼应，并利用转角设计了一个淋浴屏，合理的安排和周到的设计方式，体现出了高品位的生活。

整洁、简约的北欧风格

卫浴间中无论是顶面、墙面还是洁具都选择了白色，地面略带一点浅灰，形成了白与灰的组合，配以简洁的款式，塑造出了整洁、简约的北欧风格卫浴。

1 白色瓷砖

2 仿大理石地砖

3 分体式坐便器

4 台上盆洗漱盆

5 开放式浴室柜

Part 8

橱柜材料

　　"民以食为天""病从口入"，这些都与厨房关系密切，厨房是"掌握生计"的地方，而橱柜又是不可或缺的，它的组成分为台面、柜体和门板三大部分，种类很多，但美观而又卫生、实用的才是最好的。

◆ 关注质量及实用性外，与整体风格协调更佳

台面

橱柜台面是橱柜的重要组成部分，日常操作都要在上面完成，所以要求其方便清洁、不易受到污染、卫生、安全。除了关注质量外，色彩与橱柜及厨房整体相配合塑造出舒适的效果，也能够让烹饪者拥有愉快的心情。

设计师 **推荐** **人造石台面**

材料特点 抗污能力强，可任意长度无缝粘接

市场价格 270元/㎡起

人造石台面易打理、非常耐用，被称为"懒人台面"，在繁忙的工作后不用再花大力气来打扫台面，烹饪过后打扫起来省时又省力，非常适合喜好中餐的家庭，且划伤后可以磨光修复。

不锈钢台面

不锈钢台面抗菌再生能力最强。但台面各转角部位和结合处缺乏合理、有效的处理手段，不适合管道多的厨房。

材料特点 坚固、易清洗、实用性较强，环保无辐射

市场价格 200元/㎡起

石英石台面

　　石英石台面是将高品质的天然石英砂粉碎，而后进行剔除金属杂质，再经过原材料混合制成的。

 材料特点　硬度很高，耐磨不怕刮划，耐热好，抗菌

 市场价格　350元/m²起

天然石材台面

　　天然石材的纹路独一无二，不可复制，有着非常个性的装饰效果，冰凉的触感可以增添厨房的质感。

 材料特点　硬度高、耐磨损、耐高热，但有细孔

 市场价格　600元/m²起

美耐板台面

　　多数美耐板台面与橱柜柜体是一体式制作的，现在的美耐板花色很多，有木纹、金属、石材或单一的各种颜色等。

 材料特点　耐高温，高压，耐刮，防焰

 市场价格　2000元/m²起

◆ 柜体材料应防潮，且坚固、耐用

橱柜柜体

橱柜柜体起到支撑整个橱柜柜板和台面的作用，它的平整度、耐潮湿的程度和承重能力都影响着整个橱柜的使用寿命。即使台面材料非常好，如果柜体受潮也很容易导致台面变形、开裂。

设计师 **推荐** **复合多层实木**

材料特点 性能优良，潮湿环境也能使用

搭配建议 对环保注重的人群，潮湿地区

复合多层实木柜体的橱柜适合于对环保要求较高，需要实用性及使用寿命较长的家庭，综合性能较佳，且能在重度潮湿环境中使用。

防潮板

可在重度潮湿环境中使用，防潮板因有木质长纤维，加上防潮剂，浸泡膨胀到一定程度就不再膨胀。

材料特点 板面较脆，对工艺要求高

搭配建议 应用较多，很适合做橱柜柜体

细木工板

细木工板幅面大，易于锯裁，不易开裂，板材本身具有防潮性能、握钉力较强、便于综合使用与加工等物理特点。

材料特点 韧性强、承重能力强

搭配建议 性价比较高，可作为木工橱柜的主要材料

刨花板

刨花板是环保型材料，能充分利用木材原料及加工剩余物，成本较低。但普通产品容易吸潮、膨胀。

材料特点 幅面大，平整，易加工

搭配建议 适合不打算久居的场所和经济型装修

纤维板

分等级，如果使用中低档的纤维板，没有办法支撑橱柜；高档板材材质性能较优，但价格过高，性价比低。

材料特点 60元/张以下的无法保证质量

搭配建议 有经济实力的可以选高档板

◆ 除了实用性能，还应兼顾美观性

橱柜门板

橱柜的柜体是支撑的骨架，应该以实用为主，而作为门面的橱柜门板，除了要容易清洗、耐脏外，还应该兼顾美观性，宜与厨房的整体风格和色彩相搭配，种类很多，可根据面积和风格选择。

设计师 **推荐** **烤漆门板**

材料特点 表面光滑，易清洗，美观

搭配建议 适合时尚、现代风格的居室

市面上的很多橱柜门板都是烤漆型的，它形式多样，色泽鲜亮美观，有很强的视觉冲击力。分为 UV 烤漆、普通烤漆、钢琴烤漆、金属烤漆等，不同做法效果不同。

实木门板

实木门板高档美观、纹路自然，给人返璞归真的感觉。环保无污染、质轻而硬、坚固耐用，色彩相对单一。

材料特点 具有温暖的原木质感，名贵品种有升值价值

搭配建议 适合面积比较宽敞的厨房

模压板门板

模压板橱柜色彩丰富，木纹逼真，单色色度纯艳，不开裂、不变形。无须封边，解决了封边长时间后可能会开胶的问题。

材料特点 不能长时间接触或靠近高温物体

搭配建议 不同花纹、颜色和造型适合不同风格

水晶板门板

水晶板门板的基材为白色防火板和亚克力板，是一种塑胶复合材料。颜色鲜艳表层光亮，且质感透明鲜亮。

材料特点 耐磨、耐刮性较差，长时间受热易变色

搭配建议 适合喜欢光亮质感的人群

防火板门板

前些年应用最为广泛的橱柜门板类型，色彩选择多样，价格低，适合普通家庭使用。门板为平板，无法创造凹凸、金属等立体效果。

材料特点 颜色鲜艳，耐磨、耐高温，容易变形弯曲

搭配建议 适合经济型装修，对外观要求不高的人群

三聚氰胺门板

　　橱柜三聚氰胺板又称双饰面板、免漆板和生态板。可以任意仿制各种图案，色泽鲜明，造型时尚。表面平滑光洁，容易维护。

 材料特点　防火性、防水性、耐磨性都比较强

 搭配建议　适合风格广泛，对厨房面积没有限制

金属门板

　　金属门板属于新型橱柜门板材料，价格昂贵；风格感过强，应用面不广泛。非常适合现代风格和前卫风格的厨房。

 材料特点　耐磨、耐高温、抗腐蚀，极易清理

 搭配建议　适合追求与世界潮流同步的人群

镜面树脂门板

　　镜面树脂板目前在橱柜市场上用得较多，它的属性跟烤漆门板差不多，也就是时尚、色彩丰富、防水性好。

 材料特点　不耐磨，容易刮花，耐高温性不佳

 搭配建议　适合对色彩要求高、追求时尚的人群

◆ 不锈钢最实用，陶瓷装饰效果好

水槽

　　水槽是厨房中不可缺少的一个配件，它承担着清洗碗筷及食物的作用，从实用性角度来说，不锈钢水槽的性价比最高，最耐用；陶瓷水槽的装饰效果比较好，质感温润，但容易损坏，适合追求高品质生活的家庭。

设计师 推荐 **不锈钢水槽**

材料特点	耐高温、耐潮湿、耐腐蚀

搭配建议	适合各种风格的厨房使用

　　不锈钢水槽使用得最多最为流行，其金属质感颇有些现代气息，非常时尚。同时不锈钢还易于清洁，面板薄，质量轻。

陶瓷水槽

　　一般由铸铁制成，再涂上搪瓷漆光泽，易于清洗，色彩较多。但耐久性不佳，使用化学清洁剂易损坏瓷表面。

材料特点	容易破坏，性价比不高

搭配建议	质感温润，适合各种风格的厨房

◆ 具有重要作用，使用频繁应注重质量

其他五金

　　橱柜的五金配件是橱柜的重要组成部分之一，是不可忽视的一部分，五金配件直接影响着橱柜的综合质量。不合格的配件往往使用寿命很短，因为五金破损，可能几个月橱柜门就掉下来了。更换时非常麻烦、费时，所以五金更应该仔细选择。

设计师 **推荐** **铰链**

| 材料特点 | 连接橱柜，使门开合 |
| 搭配建议 | 质量非常重要，建议选择大品牌 |

　　铰链在平时橱柜门频繁的开、关过程中，起到重要作用。它不仅要将柜和门联系起来，而且还单独承担的重量和储物柜门多达数万次，如果质量不合格，一段时间后就会失去作用，门闭合不上。

抽屉滑轨

　　连接抽屉与柜体，重要性仅次于铰链，一定要购买质量优的产品，虽然价格会高一些，但是能够保证使用的期限。

材料特点　连接抽屉的必备五金件

搭配建议　可选择带有阻尼的产品，关闭时没有声音

拉篮

拉篮的存在可以使每天取用物品的过程变得简单，拉篮具有较大的储物空间，而且可以合理地切分空间，内部的物品也能轻松取用。

 材料特点 取物更方便，能够利用深处的空间

 搭配建议 可以使用抽屉式拉篮，也可以安装在柜门上

拉手

拉手起到开合橱柜的承接作用，质量好、款式佳的门拉手不但使用起来很方便，而且对橱柜的整体感也能起到画龙点睛的效果。

 材料特点 开关柜门和抽屉的重要部件

 搭配建议 根据橱柜风格和颜色搭配合适的款式

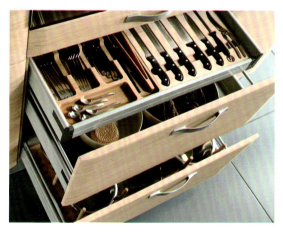

钢具

钢具刀叉盘的尺寸精确，对于橱柜抽屉的保养和使用，有其不可替代的作用。拉开后餐具一目了然，使用安全、快捷。

 材料特点 规范、易于清洁，避免污染，不变形

 搭配建议 刀具、叉、匙较多的家庭适合安装

简洁的造型搭配温馨的色彩

厨房空间很宽敞，橱柜充分地利用了空间，一部分做成同高的储物柜，另一部分做成了地柜和吊柜的组合，都使用三聚氰胺面板，且采用了简洁的造型，但同时用了不同的色调搭配，效果温馨而舒适。

1 防水石膏板吊顶
2 白色乳胶漆
3 三聚氰胺板门板
4 三聚氰胺板门板
5 天然石材台面
6 米黄色釉面砖

整洁而又时尚的厨房环境

厨房空间的色调围绕着白色与灰色组合进行，厨具同样选择银灰色的不锈钢材料，塑造出了科技感和时尚感。大面积的白色显得非常整洁，材料的选择不仅考虑了美观，还兼顾了实用性。

1 水晶板橱柜板
2 仿石材墙砖
3 不锈钢水槽
4 人造石台面

对比色塑造活泼的厨房环境

设计师用大胆的配色打破了大部分厨房单调的色彩印象，使用了红、黄、蓝三原色的组合，非常活泼。为了避免混乱，橱柜主体使用了白色，台面部分使用原木色，使空间整体有了一种童话般的感觉。

1 瓷砖
2 防水乳胶漆
3 美耐板台面
4 美耐板橱柜
5 仿古地砖

黑白灰的组合朴素而简约

开敞式的厨房比起封闭式的独立厨房来说，美观性的设计更应注重一些。设计师采用了黑、白、灰的色彩组合方式，黑色的地面、白色的橱柜以及灰色的台面，朴素而简约。

1 防水石膏板吊顶
2 浅米色防水乳胶漆
3 瓷砖
4 人造石台面
5 木压板橱柜门板
6 仿木纹地砖

蓝色与白色的搭配有如海洋般清新

1 瓷砖

2 人造石台面

3 防火板橱柜门板

4 仿石材地砖

人们在厨房中操作的时候通常会感到很热，采用蓝色的橱柜与白色墙砖组合，犹如一股清凉的海风刮了进来，使人感觉非常清新、舒爽，中间以灰色做纽带，增添了品质感。

1 防水石膏板吊顶

2 瓷砖

3 人造石台面

4 镜面树脂门板

5 玻化砖

适合单身男士的配色方式

厨房中的固定界面均采用了白色，包括顶面、墙面和地面，而后搭配深灰色与乳白色组合的橱柜，冷峻而具有都市感，非常适合单身男士，能够体现出其性格特点。

Part 9
装饰门、窗

门和窗相当于室内空间的防护罩。如果入户门不好，会有被盗的危险；室内门不好，会受到变形的困扰，怎么也关不上；窗户如果闭合不严，会有很多灰尘进入室内，也会有很多杂音。所以此类材料非常重要。

◆ 安全的屏障，质量非常重要

防盗门

防盗门即为入户门，是守护家居安全的一道屏障，因此首先应注重防盗性能。除此之外，还应具备比较高的隔声性能。防盗门的安全性与其材质、厚度及锁的做工有关，隔声则取决于密封程度。

设计师 推荐 铜门

材料特点 防火、防腐、防撬、防尘性能优

市场价格 5000～10000元/个

大多数的铜制防盗门都将传统防盗与入户门合二为一，从材质上比较，铜制防盗门是目前性能最好的，但也是最贵的。

复合门

面层多数为复合的胶纸进行表面转印处理，下面由钢板构成，钢板内再填充钢制骨架，最后在内部填充一些填充物而制成。

材料特点 款式多，造型精致，外观比较高档

市场价格 1000元/个左右

不锈钢门

　　铁门的升级版，有两大类，一类是202不锈钢，一类是304不锈钢。北方地区适合使用202不锈钢门，南方地区适合使用304不锈钢门。

 材料特点 颜色较少，价格较高

 市场价格 1500元/平方米起

铝合金门

　　主材是铝合金材料，利用现代焊接方法进行组合，加工出成品，不易褪色，属中档防盗门，给人金碧辉煌之感。

 材料特点 色泽丰富，图案和花纹多，方便维修

 市场价格 比不锈钢门略低

TIPS

选择合格产品才能守护安全

　　防破坏功能是防盗安全门最重要的功能，质量应符合国家标准《防盗安全门通用技术条件》（GB 17565-2007）的技术要求。合格的防盗安全门门框的钢板厚度应在2mm以上，门体厚度一般在20mm以上，门体质量一般应在40kg以上，门扇钢板厚度应在1.0mm以上，内部应有数根加强钢筋，以及石棉等具有防火、保温、隔声功能的材料作为填充物，用手敲击门体发出"咚咚"的响声，开启和关闭灵活。

◆ 保温、隔声，保护隐私，效果与质量一样重要

室内门

室内门除了具有保护隐私、隔声、保温的功能外，还兼具装饰的作用。门占据的面积一般较大，如果选的门与整体环境不协调，即使其他部分装饰得再好，也会让人感觉十分别扭，协调和舒适感与质量一样重要。

设计师 **推荐** **实木复合门**

材料特点 保温、耐冲击、阻燃

搭配建议 颜色多为深色，适合田园或古典风格

实木复合门的门芯多以松木、杉木或进口填充材料等粘合而成，外贴密度板和实木木皮，经高温热压后制成，并用实木线条封边。利用了各种实木复合材质的优良特性。

实木门

是指制作木门的材料取自森林的天然原木或者实木集成材料，经加工后的成品门。富有艺术感，显得高贵典雅。

材料特点 不变形、耐腐蚀、无裂纹

搭配建议 颜色多为深色，适合复古风格的居室

模压门

　　模压门板带有凹凸图案，实际上就是一种带凹凸图案的高密度纤维板。价格较实木门更经济实惠，且安全方便。

 材料特点 防潮，膨胀系数小，抗变形能力强

 搭配建议 适合风格广泛

折叠门

　　折叠门为多扇折叠，可推移到侧边，占空间较少。适用于各种大小洞口，尤其是宽度很大的洞口，五金构件复杂，安装难度大。

 材料特点 加大通风空间，提升居住品质

 搭配建议 各种宽度的垭口、门口，宽度没有限制

推拉门

　　玻璃推拉门既能够分隔空间，又能够保障光线的充足，同时隔绝一定的音量，而拉开后两个空间便合二为一，且不占空间。

 材料特点 分隔空间、遮挡视线、适当隔声

 搭配建议 阳台、厨房的门口等

◆ 使门顺利工作的配件，根据门的类型选择

门五金

不论何种类型的门，都主要是靠不停地开合来工作的，而开合主要靠的是五金。五金件是保证门正常工作的基础，虽然配件很小，但却必不可少。不同的五金有不同的作用，宜结合门的类型具体选择。

设计师 **推荐** **门锁**

材料特点 保证隐私性，可隔离空间

搭配建议 根据居室的功能和门的类型选择合适款式

门锁能够将空间完全独立，避免外人进入，是保证隐私性的关键。分为球形门锁、插芯执手锁和玻璃门锁。现在室内门多用的是第二种，通常是与把手成套购买的。

门吸

使用门吸可以在开门时将门吸住，避免开门时门与墙碰撞。尽量购买造型敦实、工艺精细、减震、韧性较高的产品。

材料特点 减少门与墙面的碰撞，避免墙面受损

搭配建议 所有安装平开门的部位都建议安装门吸

门把手

门把手兼具实用功能及装饰作用，同一种门，安上不同的门把手则会有不同的效果，能够从细节上体现品位。

材料特点 能够使开、关门更顺畅，同时有装饰作用

搭配建议 根据空间的不同功能性选择合适的款式

合页

合页的正式名称是铰链。最常见的是两折式，主要作用是连接物体两个部分，并能使之自由活动，常见为各种金属材质。

材料特点 是制作平开门家具、门、窗不可缺少的配件

搭配建议 种类繁多，需要根据使用部位具体选择

推拉门轨道

推拉门的轨道起到固定推拉门扇，使其可以顺利推拉的作用。推拉门轨道可分为双推拉轨道、单推拉轨道及折叠推拉轨道。

材料特点 硬度不够容易变形，高硬度才可靠

搭配建议 安装推拉门的部位都需要安装轨道

◆ 连接外界的介质，安全性、密闭性很重要

窗

家居的大门通常情况下只有一个，而窗则不止一个且窗的面积一般是很大的，通风、透光都是靠它来实现的，除了别墅式的居所外，楼房内的窗是唯一与外界环境相通的介质，它的安全性和密闭性、保温性是非常重要的。

设计师 **推荐** **百叶窗**

材料特点 美观节能，简洁利落，可收起

搭配建议 适合大面积的落地窗或窗户使用

百叶窗是以叶片的凹凸方向来阻挡外界视线的，采光的同时，阻挡了由上至下的外界视线。夜间，叶片的凸面向室内的话，影子不会映显到室外。而且清洁比较方便。

气密窗

气密窗应用范围非常广泛，它除了断桥铝的框架外，大部分为玻璃，所以玻璃的厚度及结构影响窗的隔声和保温性能。

材料特点 玻璃越厚，窗的性能越好

搭配建议 中空玻璃隔声、保温效果最佳

安全防护网

安全防护网是一种安装于窗户、阳台等处，为居家生活及办公提供防护、防盗、防坠物等安全保障的新型建筑安防产品。

 材料特点 集安全、美观、实用等诸多优点于一身

 搭配建议 低楼层住户及高楼层有孩子的家庭

广角窗

广角窗是指视野非常开阔的窗，种类很多，有八角窗、三角窗、圆形窗等，突出墙面以外，不占用室内空间。

 材料特点 造型多变，增加室内空间

 搭配建议 能够安装落地窗的户型或飘窗

折叠纱窗

折叠纱窗是通过纱网的褶皱收藏纱网的纱窗。改善了传统纱窗的缺点，不占空间，还可调整开启方式，并保证室内的空气流通。

 材料特点 使用、存储方便，安全、美观，防蚊虫

 搭配建议 可取代传统纱窗使用

◆ 具有古韵和浓郁的中式特点

装饰窗

　　装饰窗包括中式窗棂和仿古窗花两类，是中国特有的文化符号，它们都能营造仿古的意境，有些是现代雕刻的，有些则流传已久。即使是现代风格的居室，用它们装饰也能显得非常具有古韵。

设计师 **推荐** **中式窗棂**

材料特点 具有浓郁的复古气息

搭配建议 适合中式风格居室使用

　　中式窗棂指的是中式窗上面的菱格，是具有浓郁中国传统特色的装饰品，在古代同时兼具实用性和装饰性，而现代多用其做装饰。即使是现代简约风格的室内环境，只要摆放或悬挂中式窗棂，也能具有复古感。

仿古窗花

　　仿古窗花指的是窗子上面的花纹图样，现在多为工业加工产品。仿古窗花有非常多的图案，且每一种图案都有不同的寓意。

材料特点 不同的图案具有不同的寓意

搭配建议 适合中式风格居室使用

大面积的窗保证了采光和通风

　　户型并不方正，而是带有转角，为了保证每个空间都能够获得良好的通风和采光，采用了大面积的气密窗，既能够在需要的时候保证空气流通，又能在需要封闭的时候保证密封性和保暖性，非常人性化。

1 平面石膏板吊顶

2 气密窗

3 蓝色乳胶漆

4 混纺地毯

5 强化复合地板

门数量多宜与墙面色彩相统一

1 平面石膏板吊顶
2 无纺布壁纸
3 实木烤漆门
4 实木复合地板

卧室中门的数量相较于空间面积来说比较多，选择与墙面同色系但明度略高一些的搭配方式，使整体配色统一中富有层次感，避免门过于突出，又将其变成了装饰品调节空间。

百叶窗满足采光需求又保证了私密性

1 平面石膏板吊顶
2 橡木饰面板
3 百叶窗
4 实木地板

卧室窗的面积比较大，且窗扇比较多，选择百叶窗加在了原有窗的内层，通过百叶的角度调整，既满足了采光的需求，使室内光照充足，又保证了私密性，避免窗外透视窗内活动，此种设计很适合窗多的居室。

简约与中式的融合

　　空间整体设计简约中透着古韵，整体以直线造型为主，细节部分加入一些精雕细琢的中式图案，如顶面和门板上。配色以中式古典蓝搭配简约的白色，清新而又不乏中式风格的身影。

1 实木线条造型

2 实木复合门

3 蓝色乳胶漆

4 白色乳胶漆

5 强化复合地板

Part **10**

水电材料

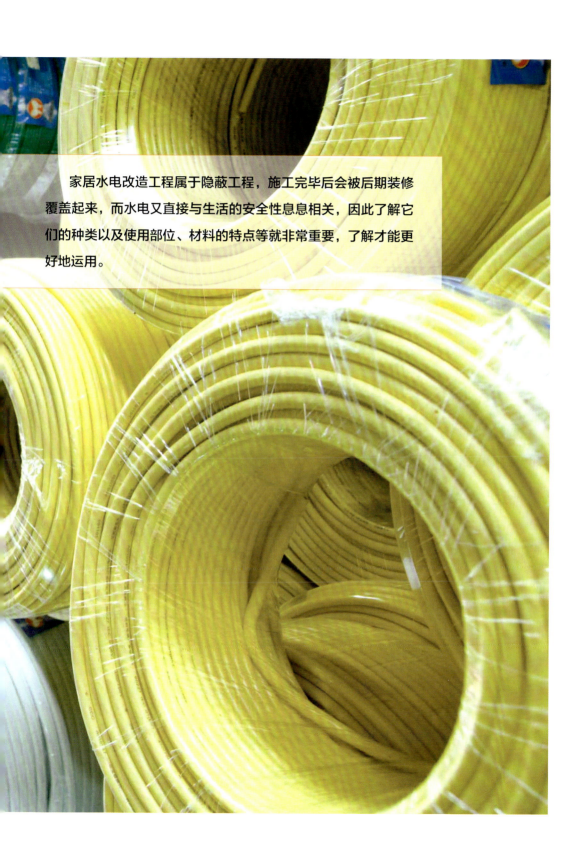

　　家居水电改造工程属于隐蔽工程，施工完毕后会被后期装修覆盖起来，而水电又直接与生活的安全性息息相关，因此了解它们的种类以及使用部位、材料的特点等就非常重要，了解才能更好地运用。

◆ 分为给水和排水两部分，常用为 PP-R 管和 PVC 管

水路材料

　　家庭水路改造分为给水和排水两部分，给水管的种类很多，但由于PP-R管可用于冷水也可用于热水，且性价比高，是目前家庭水路改造中最常用的给水管材，而排水管主要材料为PVC管。

设计师 推荐 **PP-R 给水管**

 **材料特点** 环保，质轻，强度高，耐腐蚀

 搭配建议 用于家庭给水管路的改造工程

　　PP-R 管又叫三型聚丙烯管，既可用作冷水管，也可以用作热水管。与传统的管道相比，具有节能节材、消菌、内壁光滑不结垢、施工和维修简便、使用寿命长等优点。

PVC排水管

　　PVC水管在家装中主要用作排水管道，现多使用PVC-U管，它以卫生级聚氯乙烯树脂为主要原料，加工方法为挤出成型和注塑成型。

 材料特点 壁面光滑，阻力小，比重低

 搭配建议 背景墙，不适合用在地面和卫生间

◆ 种类较多，管件质量比管材更重要

PP-R 管其他配件

PP-R管件是家装给水改造的重要组成部分，可以说，管件的质量比管材的质量更重要。由于水路在运行的时候承受的压力较大，如果管件的质量不好，管路的连接部分很容易发生渗漏甚至爆裂。

设计师 **推荐** 丝堵

材料特点 堵住给水管，防止泄漏

搭配建议 用于给水管路的端头部分

丝堵是用于管道末端的配件，起到防止管道泄漏的密封作用，是水暖系统安装中常用的管件。一般采用塑料或铁制品，同时分为内丝（螺纹在内）和外丝（螺纹在外）。

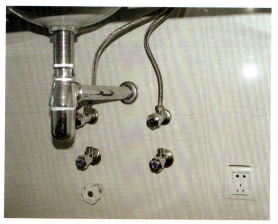

阀门

阀门是用来改变水流流动方向或截止水流的部件，具有导流、截止、节流、止回、分流或溢流卸压等功能。

 材料特点 分为截止阀和三角阀，用于不同部位

 搭配建议 水表、洁具进水管都需要安装阀门

直接

直接主要起到连接作用。它一端是塑料，一端是螺旋状金属，塑料和PP-R管连接，金属一端和金属件连接。

 材料特点 分为内丝直接和外丝直接两种

 搭配建议 在管路末端和阀门连接时需要直接转换

活接

如果没有活接，维修时只能锯掉管路，所以如浴室中有些配件需要勤更换就要用活接。其更换方便，但价格比一般配件贵。

 材料特点 在南方很少使用，在北方用得比较多

 搭配建议 使用活接方便拆卸、更换阀门

生料带

生料带是水暖安装中常用的一种辅助用品，将其缠绕于管件连接处，能够增强管道连接处的密闭性。

 材料特点 无毒、无味，具有优良的密封性，耐腐蚀

 搭配建议 将阀门与出水口连接时就需要缠生料带

管卡

管卡是用来固定管路的配件，在暗埋管线时，将管路固定住，避免施工过程中发生歪斜，保护管路。

 材料特点 能保证在后期封槽时，管路还在应有位置

 搭配建议 固定管路，距离宜1m一个

直通

直通是连接件，它用在两条直线方向的管路的汇集处，将两条管线连接起来。分为异径直通和等径直通。

 材料特点 连接直线方向的两条管路

 搭配建议 管线不够长的时候使用直通连接

过桥弯管

过桥弯管也叫绕曲管、绕曲桥，当两组管线成交叉形式相遇时，上方的管路需要安装过桥弯管，使管线连接而不被另一条管路所阻碍。

 材料特点 主要作用是桥接

 搭配建议 管路交叉时使用，使管路顺利交叉通过

◆ PP-R 管路常用的连接件，不同类型不同作用

PP-R 管弯头

弯头是PP-R管道安装中常用的一种连接用管件，不带丝的弯头用来连接两根公称通径相同或者不同的管子，使管路做一定角度的转弯；带丝的弯头是用来连接角阀、水嘴、对丝等部件的。

设计师 **推荐** **45° 弯头**

材料特点 转角为45°

搭配建议 适合连接角度为45°的两条管路

有两种款式，一种两端的口径相同，另一种口径不同，都是用来连接PP-R管的，角度为45°。

90° 弯头

此类弯头的两端口径相同，作用与等径45° 弯头类似，都是用来连接相同规格的PP-R管，角度为90°。

材料特点 转角为90°

搭配建议 适合连接角度为90° 的两条管路

90° 外丝

主体为白色，纹理为灰白色，形状以曲线为主，清晰均匀密集且独特，具有艺术感，能够表现出典雅、高贵的爵士特质。

 材料特点 具有良好的可塑性，但材质疏松易污染

 搭配建议 用于直角转角处需要连接的情况

90° 内丝

内丝是指螺旋口在内部的配件，它一端接PP-R管，带有内螺纹（内牙）的一端接其他类型的外牙配件。

 材料特点 连接件，角度为90°

 搭配建议 用于直角转角处需要连接的情况

PP-R 给水管路弯头质量的辨别

　　好的 PP-R 管弯头没有气味，次品掺和了聚乙烯有怪味；将弯头从高处摔落，佳品声音较沉闷，次品声音较清脆。好的 PP-R 管弯头为 100% 的 PP 原料制作，质地纯正，手感柔和，颗粒粗糙的很可能掺了杂质；PP-R 管弯头具有相当的硬度，用力捏会变形的是次品。

　　原料中如果混合了其他杂质燃烧后会冒黑烟，有刺鼻气味；好的材质燃烧后不仅不会冒黑烟、无气味，燃烧后，熔出的液体依然很洁净。

◆ 改变水流方向，有等径也有异径

PP-R 管三通

三通是PP-R管的常用连接件之一，又叫管件三通、三通管件或三通接头，用于三条相同或不同管路汇集处，主要作用是改变水流的方向。有等径管口，也有异径管口。

设计师 **推荐** 等径三通

| 材料特点 | 三端直径相等 | 搭配建议 | 连接三个方向直径相等的管路 |

顾名思义，三个方向的端口直径是相等的连接件，三端分别接相同规格的PP-R管。

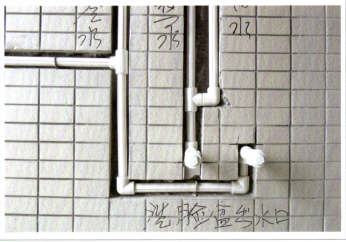

异径三通

作用与等径三通相同，同为连接件，三端均接PP-R管，其中一端为异径口，两端为同径口。

| 材料特点 | 三端直径不完全相同 |

| 搭配建议 | 连接一条异径两条等径的三方向管路 |

内丝三通

内丝三通的螺旋口在内部，两端接PP-R管，中间的端口带有丝扣，用来对接水表、阀门等的外牙。

 材料特点 螺旋口在内部

 搭配建议 连接给水管路中的其他外丝配件

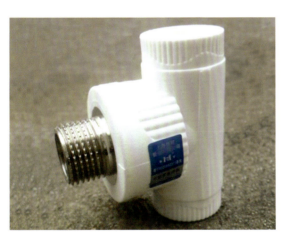

外丝三通

外丝三通的螺旋口在外部，两端接PP-R管，中间的端口带有丝扣，用来对接水表、阀门等的内牙。

 材料特点 螺旋口在外部

 搭配建议 连接给水管路中的其他内丝配件

PP-R 给水管路三通质量的辨别

好质量的三通外表面应光滑、不存在会损害强度及外观的缺欠，如结疤、划痕、重皮等；不能有裂纹、表面应无硬点；支管根部不允许有明显褶皱。

闻一下三通的味道，合格的产品没有刺鼻的味道。观察配件，看颜色、光泽度是否均匀；管壁是否光洁；带有螺丝扣螺纹的分布应均匀。最后索要产品应有的合格证书和说明书。

◆ 种类很多，按需要选择

PVC 管其他配件

PVC排水管的型号用公称外径表示，家庭常用的PVC管道公称外径分别为110mm、125mm、160mm、200mm等。PVC排水管的配件种类比PP-R管给水管的多，包括管卡、四通、存水弯、管口封闭和直落水接头等。

<table>
<tr><td>**材料特点**</td><td>分型号，按需要选择</td><td>**搭配建议**</td><td>固定PVC立管或吊管时使用</td></tr>
</table>

设计师 推荐 管卡

管卡是用来将管路固定在顶面或墙面上的配件，根据固定位置的不同，所用的款式也有区别，可分为盘式吊卡、立管卡等。

四通

四通用在四根管路的交叉口，起到将它们连接起来的作用，根据造型的不同可分为十字交叉的平面四通和立体四通。

 材料特点 既有平面式又有立体式

 搭配建议 连接四条管路时使用

存水弯

　　根据形状的不同可分为S形弯和P形弯。S形用于与排水横管垂直连接的情况；P形弯用于与排水横管或排水立管水平直角连接的情况。

 材料特点　避免下水道臭气上返，用存水封住臭气

 搭配建议　根据立管和横管的不同结构选择

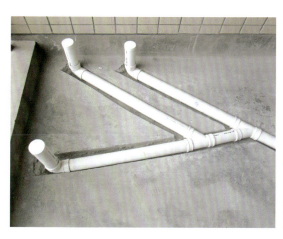

管口封闭

　　将完工后的PVC管道端头封住，保护管道，避免杂物进入管道而堵塞管道，根据管路的直径不同，有不同的型号。

 材料特点　封闭管道，避免杂物进入管道

 搭配建议　用于管道端头

直落水接头

　　由于穿过楼板处预埋的成品套管使管子连接比较困难，安装直落水接头，能够起到连接简单可伸缩的作用。

 材料特点　连接件，具有伸缩作用

 搭配建议　用于空调板及阳台处的雨水及空调水管接头

◆ 排水系统的常用配件，属于连接件

PVC排水管弯头

弯头是PVC排水管路系统中比较常见的一种零件，同样属于连接件，作用是用来连接两根管路，迫使管路改变方向。PVC弯头有异径弯头、45°弯头、90°弯头、U形弯头以及带检查口的弯头。

设计师 **推荐** **45° 弯头**

材料特点 转角为45°

搭配建议 连接需要成45°的两根管路

PVC排水管45°弯头用在连接管道的转弯处，将两根管子连接起来，使两根管道成45°，分为等径和异径两类。

90° 弯头

PVC排水管90°弯头用在连接管道的转弯处，将两根管子连接起来，使两根管道成90°，分为等径和异径两类。

 材料特点 转角为90°

 搭配建议 连接需要成90°的两根管路

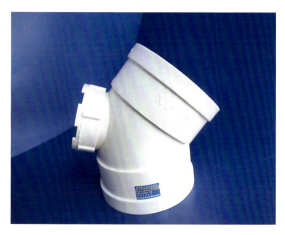

45° 检查口

用于连接管道转弯处，连接两根不同方向的管子，使管道成45°，转角处带有检查口，可用来检修。

 材料特点 转角为45°，带有检查口

 搭配建议 容易堵塞的转角处，可以打开检查堵塞部位

90° 检查口

用于连接管道转弯处，连接两根不同方向的管子，使管道成90°，转角处带有检查口，可用来检修。

 材料特点 转角为90°，带有检查口

 搭配建议 容易堵塞的转角处，可以打开检查堵塞部位

TIPS

PVC 排水管路弯头质量的辨别

查验证件：购买时先索要合格证，或者观察管材上是否标明执行国标。一定要选择执行国标的产品，如果执行的是企业标准应注意，因为其质量不如国标的好。

观察外观：好的管材外观应光滑、平整、无气泡、变色等缺陷，无杂质，壁厚均匀。内外壁应均比较光滑且又有点韧，内壁应无针刺或小孔。PVC排水管最常见为白色，颜色应为乳白色且均匀，而不是纯白色，质量差的PVC排水管颜色或为雪白，或有些发黄，有的颜色还不均匀。

◆ 连接件，用来连接三个方向的管路

PVC 排水管三通

　　PVC 排水管的三通与PP-R给水管的三通作用是一样的，都属于连接件，是用来同时连接三跟管路的，可分为等径三通、异径三通、左斜三通、右斜三通和瓶形三通。

设计师 **推荐** **等径三通**

材料特点 三个端口的直径相同

搭配建议 连接三个方向的管子时使用

　　等径三通是用来连接三个方向的，等径的PVC管道的，用来改变水流的方向。

异径三通

　　异径三通是用来连接三个方向的、两条管路直径相等一条异径的PVC管道的，用来改变水流的方向。

 材料特点 两个端口的直径相同，另一条异径

 搭配建议 连接三个方向的管子时使用

左斜三通

斜三通中一个管口是倾斜的，支管向左倾斜为左斜三通，倾斜角度为45°或75°。

材料特点 两个正常方向端口，一个左斜端口

搭配建议 连接三个方向的管子时使用

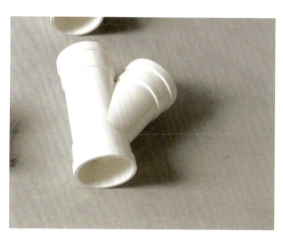

右斜三通

斜三通中一个管口是倾斜的，支管向右倾斜为右斜三通，倾斜角度为45°或75°。

材料特点 两个正常方向端口，一个右斜端口

搭配建议 连接三个方向的管子时使用

瓶形三通

形状看起来像一个瓶子，上口细，连接小直径的管道，平行方向和垂直方向的口径是一样的，连接同样粗细的管道。

材料特点 两个粗端口，一个细端口

搭配建议 连接三个方向的管子时使用

◆ 连接水路与配件，使配件能够正常通水

软管

软管在家装水路中，主要用于水路中龙头、花洒等配件与主体部分的连接，为配件接通水流。软管有双头四分连接管、单头软管、淋浴软管、不锈钢丝编织软管及不锈钢波浪纹硬管5种。

设计师 **推荐** **淋浴软管**

| **材料特点** | 连接件，为淋浴通水 | **搭配建议** | 连接淋浴龙头与浴缸 |

淋浴软管一般用于淋浴龙头和浴缸上的连接，多用带波纹的款式。

单头软管

主要用于冷、热单孔龙头及厨房龙头的进水。只有一个头，所以称为单头软管，使用较多。

材料特点 连接件，为龙头通水

搭配建议 连接龙头与出水口

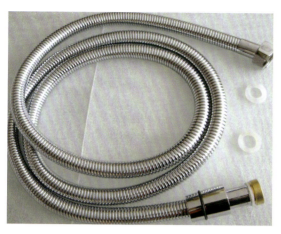

不锈钢波纹硬管

管体呈波纹状，一般用于热水器和三角阀的连接，淋浴软管中也包含了此类。既有单头的款式也有双头的款式。

材料特点 连接件，为热水器通水

搭配建议 连接热水器与角阀

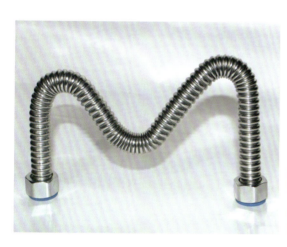

双头四分软管

有两个头的软管，管的型号为四分。主要用于双孔冷热水龙头、热水器、坐便器等进水的连接。

材料特点 连接件，为龙头、热水器、坐便器通水

搭配建议 连接洁具与出水口

不锈钢编织软管

管体材料为编织的不锈钢丝，钢丝的质量决定了软管的质量。主要用于龙头、坐便器、花洒等管道连接。

材料特点 连接件，为龙头、热水器、坐便器通水

搭配建议 连接洁具与出水口

◆ 保护电线，提高家庭用电的安全性

电线套管及配件

　　家庭电路多为暗敷，即埋在墙内，PVC电工套管的主要作用是保护电缆、电线。如果不将电线穿到管内而直接埋在墙内，时间长了会导致电线皮碱化而破损，发生漏电甚至是火灾事故。

设计师 **推荐** **PVC 套管**

材料特点 方便维修，耐腐蚀，保护电线

搭配建议 将电线穿管后再埋入墙内

　　电工套管分为轻型、中型和重型三种，家庭电路改造中常用的为中型和重型两种。管体表面应光滑且没有缺陷，管壁厚度一致。

弯头

　　电工套管的弯头，用于电线线路需要转换方向的位置，将弯头与两侧的管路连接，从而使线路转换方向。

材料特点 有90°的直角弯头、圆弧形的月牙弯头

搭配建议 改变管路方向，使用弯头时可不再使用弯管

罗接

　　暗盒的配套配件，装在暗盒的洞口，穿入暗盒中的电线需要通过罗接才能穿入暗盒中，可以保护电线。

 固定线管，保护电线

 与暗盒配套使用

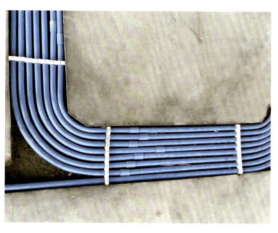

管卡

　　管卡在施工中起到固定单根或多根 PVC 电线套管的作用。当线管多根并排走向时，可采用新型的可组装的管卡进行组装卡管。

 固定、保护管路

 在电线槽内使用，距离根据现场定

暗盒

　　安装电器的部位与线路分支或导线规格改变时就需要安装线盒。盒中完成穿线后，上面可以安装开关、插座的面板。

 需要预埋在墙体内

 灯具上方，开关、面板的下方

◆ 掌控电资源的必备运输线路，质量非常重要

强电电线

电线是掌控电资源的必备运输线路，质量的好坏直接关系到用电安全，是绝对不能马虎选择的电料，且要根据选用的电器选用相对应规格的电线才安全。需要注意的是，电线也有保质期，购买时要注意。

设计师 **推荐** **1.5mm²**

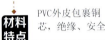 **材料特点** PVC外皮包裹铜芯、绝缘、安全

 搭配建议 可供灯具及普通电器使用

通常为单芯塑铜线，此规格用来连接照明设备或作为低耗电的普通电器的插座连接线。

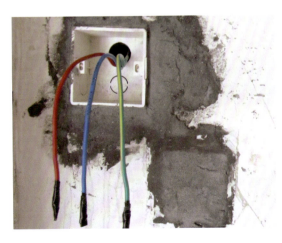

2.5mm²

此型号电线为挂式空调专用插座连接线，同样是单芯铜导线。

 材料特点 PVC外皮包裹铜芯，绝缘、安全

 搭配建议 壁挂空调专用

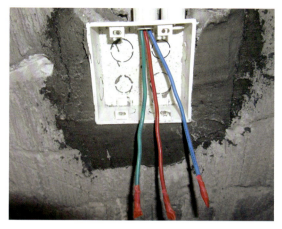

4mm²

此型号电线为热水器和立式柜机空调插座的专用连接线，通常为单芯铜导线。

材料特点 PVC外皮包裹铜芯，绝缘、安全

搭配建议 大功率电器专用线

护套线

铜芯聚氯乙烯软护套线，由两根或三根软线用护套套在一起组成的。

材料特点 不能埋在墙内，可用作外接线

搭配建议 用于灯头和移动设备的连接

电线的质量鉴别

　　购买塑铜线可以先看包装的好坏，合格的产品应盘型整齐、包装良好，合格证上商标、厂名、厂址、联系方式、规格、截面面积、检验员等齐全并印字清晰。注意生产日期，在3年内的质量最佳，超过3年的会缩短使用时长。

　　打开包装简单看一下里面的线芯，比较相同标称的不同品牌的电线的线芯，皮太厚的则一般不可靠。用力扯一下线皮，不容易扯破的一般是国标线。

◆ 家庭信号电的连接线路，让生活更便利

弱电电线

　　弱电是指非动力电类的信号电，包括网络、电话、视频和音频信号等，它们的作用虽然比不上强电那么重要，但也是生活的必需品，能够提高生活的品质和便利性，连接信号主要靠弱电电线来完成。

设计师 **推荐** **网线**

材料特点 超五类双绞线质量最佳

搭配建议 连接网络插座时使用

　　网线用于局域网内及局域网与以太网的数字信号传输，也就是双绞线。双绞线可分为非屏蔽双绞线（UTP）和屏蔽双绞线（STP），家中最常用的是UTP。

电话线

　　作用是连接电话信号，由铜线芯和护套组成。电话线的国际线径为0.5mm，信号传输速率取决于铜芯的纯度及横截面积。

材料特点 分为二芯和四芯，四芯可接两部电话机

搭配建议 连接电话或电话插座使用

电视线

　　正规名称为75Ω 同轴电缆，主要用于传输视频信号，能够保证高质量的图像接收。一般型号为SYWV，特性阻抗为75Ω。

 有屏蔽层，能保护信号的清晰度

 连接电视插座或电视机时使用

音响线

　　专门用于功放与音响间连接的线材，由于音响线传送的是功率信号，因此在它上面不应有太大的信号损失。

 有屏蔽层，能保护信号的清晰度

 用于连接功放与音响

TIPS

电话线的型号缩写

　　以 HYV2x1/0.4CCS 为例，HYV 为电话线英文型号、2 代表 2 芯、1/0.4CCS 代表单支 0.4mm 直径的铜包钢导体。以此类推 HYV4×1/0.5BC。其中 HYV 为型号、4 代表 4 芯、1/0.5 BC 代表单支 0.5 mm 直径的全铜导体。（CCS 为铜包钢、BC 为全铜。）

　　电话线按照材质分为铜包钢线芯、铜包铝线芯和全铜线芯，后者质量最佳，信号损失最小，可用于远距离传输。

◆ 汇总室内线路，统一分配和控制

配电箱

配电箱的作用是集中室内所有的线路，统一分配和控制，保证家居用电的安全性。电箱分为强电配电箱（家中所有的动力电总控制）及弱电配电箱（家中所有的信号线总控制）。

设计师 **推荐** **强电配电箱**

| 材料特点 | 统一分配和控制室内强电电线 |
| 搭配建议 | 安装在通风、容易控制的地方 |

根据家中控制回路空开的数量选择配电箱的尺寸，材质宜选择金属材料。导轨采用标准35mm导轨，材料要坚固耐用。零线排、接地排采用铜合金材料，不易腐蚀生锈。外壳选用塑料或金属盖均可，要求牢固、结实。

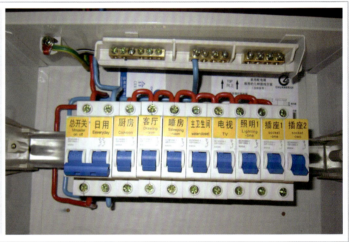

弱电配电箱

家居弱电箱又称为多媒体信息箱，它的功能是将电话线、电视线、网线集中在一起，提供高效的信息交换与分配。

| 材料特点 | 能够让弱电信号更清晰，减轻干扰 |
| 搭配建议 | 安装在通风、容易控制的地方，不限于门口 |

◆ 型号不断增加，让生活变得更科技、更方便

开关

最早，人们使用的是拉线开关，而后出现了控制式开关，随着科技的发展，又出现了多种新型开关，如调光开关、延时/定时开关、红外线感应开关、转换开关等，每种开关都有其不同的作用，可以与几开几孔开关结合使用。

设计师 推荐 **翘板开关**

 材料特点 款式最多，安装简单，方便维修

 搭配建议 卧室、客厅、过道建议使用双控开关

通过振动翘板来控制灯具开关的类型，最常见，有单控和双控两种，单控只控制一个灯具，双控是与另一个双控一起控制一个灯具。

调光开关

不仅可以控制泡灯的亮度及开启、关闭的方式，而且有些调光开关还可以随意改变光源的照射方向。

 材料特点 改变灯具亮度和控制灯具的开、关

 搭配建议 不能调节节能灯和日光灯

调速开关

　　一般情况下，调速开关都是配合电扇来使用的，可以通过转动调速开关的旋钮来改变电扇的转速及控制电扇的开、关。

 方便电扇的开、关

 适合安装有吊扇的家庭

延时开关

　　在按下开关后，此开关所控制的电器并不会马上停止工作，而是延长一会儿才会彻底停止。

 具有延时效果，设备不会马上关闭

 适合用来控制卫生间的排风扇

定时开关

　　定时开关就是设定具体时间关闭或开启设备后，它就会在设定时间自动关闭或开启设备的开关。

 能够提供更长的控制时间范围

 可用于灯具、电动窗帘的控制

触摸开关

轻触开关是一种电子开关，使用时轻轻点按开关按钮就可使开关接通，再次触碰时会切断电源。

 比翘板开关更省力、更卫生，但维修不方便

 可取代翘板开关使用

转换开关

转换开关是通过按下的次数来控制不同的灯开启的开关，在家庭中很少使用，但非常实用。

 不同次数控制不同灯具

 客厅灯具多且分组控制时可使用

红外线感应开关

用红外线感应技术控制灯的开关，当人进入开关感应范围时，开关会自动接通负载；离开后，开关就会延时自动关闭负载。

 无须碰触，靠红外线感应来开启或关闭

 很适合用在阳台或儿童房中

◆ 与日常安全息息相关，是用电安全的第一道防线

插座

插座是每个家庭必备的电料之一，它的好坏直接关系到家庭日常安全，而且是保障家庭电气安全的第一道防线。不同场所应搭配不同种类的开关、插座，如有小孩的家庭，宜选用带保险挡片的安全插座。

设计师 **推荐** **五孔插座**

材料特点 可同时插两种电器设备

搭配建议 公共区及厨房建议多装几个

有两种类型，一种是正常的五孔插座，即两孔和三孔成上下垂直或左右水平布置；另一种是错位插座，双孔和三孔位置错开，适合插头较大的电器使用。

三孔插座

三孔插座有10A三孔插座（用作功率2200W以下电器及1.2匹以下空调插座）和16A三孔插座（用作1.5~2.5匹空调插座）两种。

材料特点 有接地线的保护措施，避免触电

搭配建议 大部分家用电器都适用

四孔插座

四孔插座分为普通四孔插座，即同时插接两个双控插头的类型；和25A三相四极插座，即用于插接3匹以上大功率空调。

 材料特点 三相四极插座的四个孔为正方形分布

 搭配建议 双插头电器多的地方或大功率空调的位置

多功能五孔插座

一种是可以接外国进口电器的插头，还有一种是三孔功能不变，另外两孔可以直接接USB线口，给手机等智能电器充电。

 材料特点 功能强大，可接进口电器

 搭配建议 需要USB的位置或需要插进口电器的位置

插座带开关

插座上带有翘板开关，可以通过开关来控制插座电流的通断，不用再插、拔电器的插头，避免插头受损。

 材料特点 使用方便，减少损耗

 搭配建议 经常需要使用的电器的位置，如电饭锅

地面插座

　　一种内置于地面的插座，有一个弹簧的盖子，使用时打开，插座面板会弹出来；不使用时关闭，可以将插座面板隐藏起来。

 材料特点 内置于地面中，可隐藏

 搭配建议 适用于不方便使用墙面插座的位置

电视插座

　　串接式电视插座，适合接普通有线电视信号线；宽频电视插座，既可接有线电视信号线又可接数字电视信号线。

材料特点 将电视信号线固定在墙上，避免线多混乱

搭配建议 根据信号类型选择适合的款式

音响插座

　　用来接通音响设备，包括一位音响插座和二位音响插座。前者又称2端子音响插座，用于接音响；后者用于接功放。

 材料特点 将音频信号线固定在墙上，使用方便

 搭配建议 适合有音响和功放的家庭

网络插座

网络插座是用来接通网络信号的插头，可以直接将电脑等需用网络的设备与网络信号线连接，在家庭中较为常用。

 材料特点 将网络信号线固定在墙上，可多屋同时使用

 搭配建议 除卫浴间和厨房外，可每个空间都装

电话插座

电话插座用来连接电话线，将电话机的连线插入插座中，就能够接通信号。

 材料特点 将电话信号线固定在墙上，可多屋同时使用

 搭配建议 需要使用电话的房间，如客厅、卧室、书房

双信息插座

同时接两条信号线的插座，有两个插口，可以同时接一种信号线，也可以接两种不同的信号线。

 材料特点 方便信号线的集中控制

 搭配建议 适合安装在沙发旁边、床头等位置

◆ 电路施工必备，不可缺少的辅助材料

电路辅助材料

　　除了电路主材以外，电路辅助材料也是必不可少的，它们起到辅助施工的作用，包括绝缘胶布和钉类，前者是必不可少的辅助材料，电线的包裹、连接、绝缘都需要依靠它。后者起到固定的作用，不同的钉类能满足不同的使用需求。

设计师 **推荐** **绝缘胶布**

材料特点 绝缘性佳，防潮、防腐蚀

搭配建议 所有有接头的电线都需要缠绕

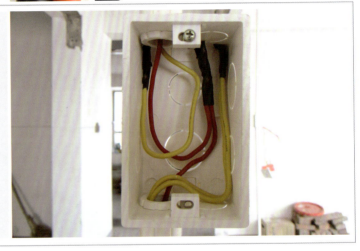

　　绝缘胶布是用来防止漏电，起绝缘作用的胶带，又称绝缘胶带。主要用于380V电压以下使用的导线的包扎、接头、绝缘密封等电工作业。

钉类

　　包括自攻钉和膨胀螺栓两类。自攻钉施工时不用打低孔和攻丝，头部是尖的，可以"自攻"；膨胀螺栓用来安装较重的电器等。

材料特点 电路安装工程中的帮手

搭配建议 使用时应注意型号和规格

案例 解析

大空间使用双控开关更合理

室内公共空间内均使用了双控开关，且都在动线的走廊和柱子上，非常方便控制灯具，避免了来回跑和摸黑的尴尬。橱柜隔板内安装了两个五孔插座，便于安装一些可移动的小型电器。

1 双控开关
2 双控开关
3 五孔插座
4 五孔插座

卧室安装双控开关更方便

1 双控翘板开关

卧室适合在床头和门口分别安装一个双控开关，来控制顶面的主灯，在入睡的时候不需要下床就可以关闭灯具，非常方便。特别是老人房，非常建议采用此种设计。

厨房插座应根据电器数量设计

1 五孔插座

厨房中使用的电器数量比较多，有大功率的也有小功率的，大功率需要单独设计插座，小功率可以共用一个。位置为吊柜和地柜之间最方便，尽量多设计一些备用插座，为后期添置电器做预留。

将配电箱放在明显的位置

　　本案的风格非常华丽，但配电箱却没有掩盖起来，而是采用了与壁纸近似的色调，使它不是那么引人注意，既保证了用电安全又兼顾了美观性。

1 强电配电箱

2 定时开关

3 定时开关

Part 11

新型材料

随着科技的不断发展，以及人们环保意识的不断增强，新型装修材料不断涌现。它们大多非常环保，有的还能吸附甲醛，帮助排除装修时产生的毒气。但此类材料的施工技术通常不是很成熟，且价格比较高。

◆ 改变墙面材料的传统印象，更环保、更实用

墙面材料

　　新型的墙面材料改变了传统墙面材料的一些固有印象，非常环保、实用。近年来出现的包括墙衣、草编壁纸、灰泥涂料和甲壳素涂料等，将它们与传统的乳胶漆结合使用，既能获得美的效果，又能创造绿色家居。

设计师推荐 墙衣

材料特点 款式多，伸缩性和透气性佳

搭配建议 避免用在灰尘和烟比较大的空间

　　墙衣因为是由木质纤维和天然纤维制作而成，再经过科学的加工技术，能够充分去除材料中的有害物质，保护人体健康。施工修补方便，还可以调节室内湿度。墙衣为水溶性材质，所以清理比较麻烦。

草编墙纸

　　草编墙纸是以草、麻、木、竹、藤、纸绳等十几种天然材料为主要原料，以手工编织而成的高档墙纸。

材料特点 透气、静音，效果质朴，无污染

搭配建议 除卫浴与厨房外的室内空间墙面

灰泥涂料

　　取自于石灰岩矿，掺杂其他矿物制成的涂料品种。色调不够鲜艳饱和，色调都偏粉色调效果，缺乏光泽感。

 材料特点 无挥发物质，高透气性，防霉抗菌

 搭配建议 室内各空间墙面，包括卫浴间

甲壳素涂料

　　一种水性环保涂料，以蟹壳和虾壳为主要成分，加入树脂加工而成。透明涂料还可以直接用在家具上，帮助吸附甲醛。

 材料特点 可吸附和分解室内的甲醛，抗菌、吸附臭味

 搭配建议 彩色涂料使用方法同乳胶漆

TIPS

灰泥涂料与硅藻泥的区别

　　硅藻泥属于吸水材料，吸水后会变软，一碰就会掉下来，且很难修补，只适合用在人流动少的卧室或者局部用在客厅中，但因为结构松散，可以吸附有害物质。

　　灰泥涂料既可用在室内也可用在室外，它具备了硅藻泥的一些优点，同时可以擦洗，适合用在包括卫浴间的公共区域中。

◆ 板材界的新秀，为木作设计提供更多可能性

板材

随着人们对环保、对饰面要求的不断提高，出现了很多新型的板材，现在运用较多较为有特色的是埃斯得板和实木颗粒板，前者是绿色材料，没有有害物质，即可用在顶面又可用于墙面，后者可以直接制作家具，为家居带来新的风采。

设计师 **推荐** **埃斯得板**

材料特点 天然、环保，不含有害物质

搭配建议 背景墙、吊顶、门等饰面

埃斯得板的主要原料为日本的一种灯芯草，经过筛选烘干切割，排压在一起形成的板材，每块板材上的稻草粗细、长短、大小、颜色基本相仿，同时还散发着一股淡淡的干草味道。

颗粒板

实木颗粒板是由木材或其他木质纤维素材料制成的碎料，两边使用细密木纤维，中间夹长质木纤维，热压制成的人造板。

材料特点 装饰性能比较强，不翘曲不开裂

搭配建议 制作各种家具

◆ 综合性能更强大，但装饰效果略差

地面材料

　　新型的地面材料包括塑木地板和软石地板，综合性能强大，并且均为绿色环保和节能材料，但装饰效果与传统材料相比略显单调，适合用在过道、阳台或卫浴间中。

设计师 推荐 **塑木地板**

材料特点 防潮、抗虫蛀，环保

搭配建议 室内外地面均可使用

　　塑木地板是利用废弃的木材及回收的塑料制成的塑木复合材料，兼具节能及环保，视觉及触感上保留了木材的温润及质感，同时又拥有塑料的特点，且非常防滑。可使用10～15年。

软石地板

　　软石地板是以自然大理石粉及多种高分子材料复合而成的新型材料。它既有自然大理石的纹理，又有特殊的图案与机能。

材料特点 柔、轻、坚、防滑、防火阻燃、安装简朴

搭配建议 适合露台、走廊等地面铺设

Part **12**

其他材料

　　在家庭装修中，有一些建筑材料是不可替代的，如龙骨，家装龙骨分为轻钢龙骨和木龙骨两类，它们各有特点，是吊顶及隔墙不可缺少的材料。还有一些材料能够打破人们的惯有认识，让家居变得更为个性、前卫，如水泥。

◆ 吊顶和隔墙不可缺少的材料，具有不可替代的地位

龙骨

　　龙骨是吊顶和制作轻体隔墙不可缺少的材料，具有不可替代的地位。家装最常使用的有轻钢龙骨和木龙骨两类，前者的性能优于后者，但有些工程中木龙骨无法用轻钢龙骨取代，如铺设地板的龙骨，根据工程选择合适的类型很重要。

设计师 **推荐** **轻钢龙骨**

材料特点 阻燃、耐腐蚀，坚固度佳

搭配建议 吊顶、石膏板隔墙等部位

　　轻钢龙骨是以优质的连续热镀锌板带为原材料，经冷弯工艺轧制而成的建筑用金属骨架。与木龙骨相比，更耐腐蚀、不受潮、不易变形，家装中也逐渐替代木龙骨。

木龙骨

　　最原始的吊顶材料，现在仍被广泛使用。缺点是容易受到虫蛀，需要做防火、防潮处理。购买的材料如果质量不好，很容易变形。

材料特点 施工简单，容易造型，握钉能力强

搭配建议 吊顶、石膏板隔墙、地板骨架等部位

◆ 用水泥将家居变得更个性，同时兼具高性价比

水泥

　　水泥在人们的印象中，仅限于制作水泥砂浆用来砌墙或铺砖。实际上，水泥还有一些非常个性的用法，如水泥粉光地坪及清水磨，此两种做法都非常具有LOFT韵味，极具艺术感，常被建筑大师使用。

设计师 推荐 **水泥粉光地坪**

材料特点 自然、透气，又毛细孔

搭配建议 适合现代风居室及追求前卫感的人群

　　所谓的水泥粉光地坪，是以水泥与砂按比例调配制作，粉光阶段材料中加入七厘石或金钢砂，能让质感更佳。且其表面的色泽深浅变化与镘刀痕迹，深具质朴手感的粗犷之美，能打造出新旧交融的后现代风格空间。

清水磨

　　清水磨就是混凝土灌浆凝固拆模后，不再加以任何修饰，完全以混凝土的质感作为建筑表现素材。

材料特点 不加任何修饰，干净、朴素，具有艺术感

搭配建议 墙面，卫浴或客厅均适合

质朴与工业化的碰撞

　　墙面及大部分的家具都选择了木质材料，且色调温馨、柔和，地毯与之呼应，也选择了相似色彩的编织款式。这些质朴的部分与地面上灰色的水泥粉光地坪形成了两种不同印象的碰撞，带有一些LOFT色彩。

1 白色乳胶漆

2 橡木木线密拼

3 水泥粉光地坪

4 编织地毯